国家自然科学基金（52004011、52374139）
国家重点基础研究发展计划（973计划）（2015CB251600）

我国西北矿区水资源承载力评价与科学开采规模决策

池明波　著

中国矿业大学出版社
· 徐州 ·

内容简介

本著作综合采用理论分析、数值模拟、现场实证、模型推演等方法，开展采动影响下矿区水资源承载力概念界定、矿区水资源承载力评价体系构建、水资源承载力约束下矿区开采规模规划的研究，并实际应用于伊宁矿区。全书内容丰富、层次清晰、图文并茂、论述有据，具理论性、前瞻性和实用性。

本书可供采矿工程及相关专业的科研与工程技术人员参考。

图书在版编目(CIP)数据

我国西北矿区水资源承载力评价与科学开采规模决策/池明波著.—徐州：中国矿业大学出版社，2024.2

ISBN 978-7-5646-6172-4

Ⅰ.①我… Ⅱ.①池… Ⅲ.①矿区－水资源－承载力－评价－西北地区②煤矿开采－规模－西北地区 Ⅳ.①TV211②TD82

中国国家版本馆CIP数据核字(2024)第029939号

书　　名	我国西北矿区水资源承载力评价与科学开采规模决策
著　　者	池明波
责任编辑	王美柱
出版发行	中国矿业大学出版社有限责任公司 （江苏省徐州市解放南路　邮编221008）
营销热线	(0516)83885370　83884103
出版服务	(0516)83995789　83884920
网　　址	http://www.cumtp.com　**E-mail**:cumtpvip@cumtp.com
印　　刷	苏州市古得堡数码印刷有限公司
开　　本	787 mm×1092 mm　1/16　**印张** 9　**字数** 230千字
版次印次	2024年2月第1版　2024年2月第1次印刷
定　　价	48.00元

前　言

本书基于我国西北矿区“富煤、贫水、弱生态”的特征，研究了矿区水资源承载力评价及水资源承载力约束下的开采规模确定方法，以解决我国西北矿区煤炭开采和水资源保护之间的矛盾，为整装煤田大型矿区科学规模确定提供理论依据。综合采用理论分析、数值模拟、现场实证、模型推演等方法，开展采动影响下矿区水资源承载力概念界定、矿区水资源承载力评价体系构建、水资源承载力约束下矿区开采规模规划的研究，并实际应用于伊宁矿区。主要研究成果如下：

(1) 以采动影响为切入点，全新界定了矿区水资源承载力概念。

围绕我国西北矿区采动影响下水系统稳定性变化及其对生态系统的影响特征，从广义和狭义两方面全新界定了基于采矿原理的矿区水资源承载力概念，以矿区水资源承载力为“桥梁”，实现了井下保水开采技术实施的有效评价与矿区开采规模合理确定的有机联结，拓展了由地下开采控制到地表生态环境约束的保水开采内涵。

(2) 构建了采动影响下矿区水资源承载力评价指标体系。

基于矿区水资源承载力内涵和特点，以煤炭开采过程中矿区生态环境稳定为基础，选取地质系统、采矿系统、水资源系统和生态系统作为准则层，以煤水赋存关系、开采参数、含水层水位变化、水质水量等11个指标作为子准则层，构建了矿区水资源承载力评价指标体系；根据采动影响下水资源承载力状态响应，确定了基于模糊综合分析的评价等级划分方法及评价值。

(3) 研究了评价指标的影响规律，并确定了主要指标的隶属函数。

依据伊宁矿区基本情况，建立了以采高和隔水层位置为变化条件的数值分析模型，结合理论分析和模拟结果，研究了煤层埋深、开采参数、地下水位等因子对水资源承载力的影响规律，确定了采动影响下各指标的隶属函数，得到了各影响因子的权重；并应用该模型评价了伊宁矿区采动影响下水资源承载力状态，实现了井下保水开采技术实施的可靠性评价。

(4) 建立了基于水资源承载力约束的煤炭科学开采规模决策模型，开发了评价及决策软件。

以水资源承载力为约束条件，引入最优控制理论，综合考虑煤炭资源储量、煤炭价格、开采成本、水资源承载力下降的附加成本、市场需求等因素，构建了煤炭科学开采规模决策模型，基于VS平台，设计开发了“水资源承载力及开采规模综合决策支持系统”软件；以伊宁矿区为例，提出了基于水资源保护的科学规模确定方法，拓新了整装煤田大型矿区以水资源承载力为基础从采矿源头予以控制的保水开采理论。

由于笔者水平所限，本书难免存在不妥之处，恳请读者不吝赐教。

著　者

2023年12月

目 录

1 绪 论

1.1 问题的提出与研究意义

西北矿区已成为我国能源主要供应区和储备区，亦是当前我国煤炭资源开发利用的"主战场"。西北矿区煤层埋藏浅、厚度大、生态环境极其脆弱[1-3]，水资源短缺已成为制约西北矿区煤炭工业发展的"瓶颈"。稀缺的水资源难以承载大规模、高强度的煤炭开采，"先采后治、边采边治"的传统开采模式造成的"生态损失"将远大于煤炭开发所创造的"经济价值"，传统开采模式会降低甚至破坏水资源对生态环境的承载能力[2-5]。我国煤炭工业规划对西部矿区的要求是"生产开发规模与环境承载力和水资源条件相适应"，同时《国家中长期科学和技术发展规划纲要》也提出了煤炭开采规模要与生态环境、水资源保护相协调的战略思想。针对西北矿区"煤水逆向分布和生态环境极其脆弱"的特点[6-9]，为实现矿区生态环境、水资源保护性开采，必须要实施保水开采并开展矿区水资源承载力的基础研究，同时要进行矿区开采规模科学规划，从源头上解决西北矿区煤炭资源开采造成的水资源破坏问题，从根本上化解煤炭开发利用与脆弱生态环境保护之间的突出矛盾[10]。所以，研究矿区水资源承载力及其约束下的科学开采规模是我国西北矿区实现可持续发展和绿色开采的前提。

针对西北大型煤炭基地煤炭开采造成的生态环境损害问题，学界达成的统一共识是实施保水采煤，经过十余年的理论研究和工程实践，保水采煤取得了丰富的成果，为矿区水资源和生态环境保护作出了重大贡献[11-16]。然而，现有的保水采煤主要聚焦于单一矿井或工作面"点"的水资源保护，较少或未深入地从煤田/矿区大范围角度出发研究地下水系统"面"的稳定性。此外，如何在水资源保护的基础上进行科学开采规模确定，两者之间尚缺少一个可靠的"桥梁"进行"搭接"，这导致了保水开采的有效评价与科学开采规模决策一直处于"各行其是"的状态，需要以水资源承载力为约束从开采源头上来"弥补"这一"不足"。目前，水资源承载力的研究主要集中在城市和河流等领域，针对矿区内水资源承载力的研究较少，特别是采动影响下矿区内水资源承载力的研究鲜有涉及，并且矿区水资源承载力的内涵、特点以及概念的界定也尚不明晰。对于我国西北大型整装煤田而言，尤其是像伊宁矿区这种尚未大规模开发的矿区，如何做到由地下开采调控到地表生态环境保护，避免以往按照煤炭资源禀赋条件或者根据市场需求制定开采规模的"缺陷"，就需要基于水资源承载力或者将三者统一考虑进行科学规划，实现煤炭资源与水资源协调发展的目的。因此，迫切需要开展煤炭开采过程中水资源承载力的研究、探索水资源承载力约束下的科学开采规模确定方法，为我国西北矿区开展保水开采和实现绿色开采提供理论依据和科学支撑。

然而，如何对采动影响下矿区水资源承载力进行评价、哪些因素影响矿区水资源承载力的状态、如何在矿区水资源承载力约束下做好顶层规划与设计，进而制定合理的开采规模，以解决当下采矿界所面临的关键科学问题[17-21]，这些是西北矿区实现可持续发展不可避免且迫切需要解决的问题，也是突破和完善现有保水采煤理论“瓶颈”的重要基础，更是国家开发西北煤炭资源的重大战略需求。为此，本书将煤炭资源、水资源、生态环境作为有机整体进行考虑，以矿区水资源保护为核心，围绕“采动影响下水资源承载力内涵和特点界定、矿区水资源承载力评价体系构建、水资源承载力约束下矿区科学开采规模决策”三个关键问题，深入开展我国西北矿区水资源承载力评价与科学开采规模研究，扭转以往“重产量”而“轻生态”的做法，实现由“采后恢复”向“采前调控”的转变。研究成果可丰富现有的保水开采理论，完善矿区顶层规划与设计原理，为我国西北矿区保水开采评价及科学规模确定提供理论依据。

1.2 国内外研究现状

1.2.1 煤炭开采对矿区生态环境、水资源的影响

煤炭资源的开发和利用不可避免地会影响生态环境，造成地质地貌改变、地下水发生变化等，导致整个矿区内的生态环境破坏，进而发展成为严重的生态问题。目前，对于采矿活动对生态环境影响的研究，主要集中在评价和治理及恢复方面。

(1) 形成了不同的评价方法，为矿区生态环境和水资源保护提供了理论依据。

总结起来，可将相应的评价方法分为三类。① 生态环境质量综合评价法[22]：在对每个单因素进行定性和定量评价的基础上进行综合分析，其评价步骤分一步和两步两种方法，该方法在我国新河矿得到实际应用，证明了该方法的实用性；② 等级尺度研究方法[23-24]：该方法以定量评价为主，并在美国、德国等发达国家均有大量的应用；③ AHP 综合评价法[25]：首先要明确矿区环境破坏的影响因素，然后提出评价因子、评价等级等，最终形成生态环境质量评价模型。

基于以上研究方法，煤炭开发过程中的生态环境影响的评价问题取得了重大进展，形成了以水质质量指数、极值指数、污染指标指数等作为基本评价因子的不同的评价方法，目前有 100 多个国家建立了自己的评价制度，同时也制定了相关的法律约束。近年来，我国在该方面的研究也取得了重大发展，在平朔矿区以及四川、河南、内蒙古等相应的矿区得到实际应用和验证[25-29]，基于评价结果，我国政府出台了相应的法律性措施，为保护矿区生态环境提供了法律标准[30]。

(2) 开展了矿区生态环境及水资源治理方面的研究。

① 基于评价结果，提出相应的治理措施。将可持续发展思想与治理措施相结合[31-32]，在不同的矿区因地制宜地实施相应的技术措施，研究了生态环境的不同恢复特征[33]；结合生态学相关理论，对不同修复方法作用下生态系统的演变规律进行了详细研究；根据生态系统的补偿机制，对矿区内生态环境的扰动特征和恢复机制进行了大量的论证[34-36]；也有学者对矿区内植被的生存状态、生态需水等方面进行深入研究，结合采动影响下水资源系统的变化特征，对矿区生态环境的演变规律进行了详细的分析，为矿区生态环境在煤炭开采后恢

复提供了理论支撑和借鉴[37-39]。

② 从水环境和生态环境角度出发探讨采矿对环境的影响。其一为开采对水环境的影响[40-46]，有关学者认为煤矿开采会引起矿区水资源质量的改变，导致重金属含量增加、原有水资源分配改变等问题，同时指出采矿对水资源的影响会给未来生活用水带来极大危害。其二是对生态环境的影响[44,46-53]，如 R. K. Tiwary 指出煤炭开发与利用增加了社会财富但是损害了生态环境，特别是会导致酸雨和酸性水质的形成，已经威胁到人类的正常生活。再如 T. Garrison 等对美国两个矿区附近土壤成分进行分析，发现矿区内的苯含量较高，这与采矿活动有直接联系[54]。C. Newman 等的研究指出采矿会导致水平衡的内在平衡关系被扰乱，对地表水和地下水均产生不利影响，从而直接影响矿区的生态环境[45]。

③ 研究了含水层破坏机理和防治方法。主要对水资源是否会遭到破坏、水位恢复等方面进行分析[46]。阐述了隔水层的重要性，认为隔水层可避免含水层与采空区的直接沟通，同时研究了工作面推进过程中岩层渗透系数的变化与隔水层作用之间的关系[41,45,51]；由于裂隙重新压实和补给区的连通作用，水位会在一定时间内得到恢复[41,50,55-56]。在防治方面，匈牙利学者韦格弗伦斯提出了等效隔水层的重要概念，苏联学者斯撒列夫提出了静力学计算公式，两者均可用于防治底板突水，也为矿井防治水害提供了借鉴[57]；澳大利亚在水体下采煤时，特别是在与水体相距 400 m 的层位，需要进行细致的论证后方可开采[58-68]；C. J. Booth 等研究了美国伊利诺伊州进行长壁工作面开采过程中含水层变化规律，特别是上覆砂岩含水层的变化规律[57]，针对不同区域开采后水位和水质变化，得到了此方法所造成的地下水位下降可实现采后自恢复的结论。

(3) 形成了采前规划与采后治理并重的统一认识。

目前，矿区生态治理措施主要有两种：其一是采前规划；其二是采后治理。所谓采前规划是指在矿区开采之前对采矿可能造成的破坏情况进行预先评价，同时制定相应的技术措施将破坏程度降到最小，比较成熟的是实施保水开采技术，将采后水资源破坏程度或者范围控制在一定区间内，该方面的研究已经取得了丰富的成果，是目前我国生态脆弱地区开展绿色开采的主题，具有代表性的学者有中国矿业大学的彭苏萍院士、张东升教授、李文平教授，陕西省地质调查院的王双明院士、范立民教授，西安科技大学的来兴平教授、黄庆享教授，河南理工大学的周英教授等。采后治理是指，煤炭开采后已经对矿区生态环境造成破坏，为了保护生态环境而采取相关技术措施，如建立地下水库、人工造林等[40]，这些技术措施已被广泛应用，具有代表性的学者有国家能源集团的顾大钊院士，中国矿业大学的胡振琪教授等。为了实现绿色开采，减小对生态环境的破坏，采矿界将保水开采作为主要实现技术并进行了大量的理论和实践研究，经过十多年的发展，保水开采对矿区生态环境、水资源保护作出了重要贡献。

1.2.2 保水开采国内外研究现状

随着全球环保意识的加强，煤炭开采也逐渐向环保方向发展，“保水开采”日益受到重视，我国专家学者从不同角度对保水开采开展研究，形成了不同的理论成果，为指导开展保水开采工作奠定了基础。国际上虽未明确提出“保水开采”概念，但在矿区水资源以及生态环境保护等方面做了大量工作，为矿区实施保水开采提供了借鉴。

(1) 保水开采的提出与内涵分析。

20 世纪 90 年代初，范立民等在榆神府矿区浅埋煤层开采过程中，针对地下水保护问题，首次提出了“保水采煤”的理念[62-66]。2006—2007 年以来，中国矿业大学张东升教授阐述了保水开采的内涵，将其分为三个层次：第一层为“在合理的采煤方法和工艺的基础上，保证采动不破坏含水层的含水结构”；第二层为“含水层虽受到一定的损坏，导致部分水流失，但在一定时间内含水层水位仍可恢复”；第三层为“即使地下水位不能恢复如初，但不影响其正常供水，至少能保证地表生态对水资源的需求”[67-79]，并于 2014 年依托国家“973”计划项目开展保水开采的基础研究。

(2) 保水开采理论的充实和完善。

① 形成了保水开采地质分区理论。范立民等[66]在分析榆神矿区资源赋存特征及保水采煤问题过程中，得到了矿区内煤炭资源与水资源的赋存特征，研究了开采对水资源的需求和影响，并从保水开采和煤炭开发等角度将榆神矿区划分为保水采煤区、采煤失水区和采煤无水区。谭志祥等[80]探讨了断层对水体下采煤的影响及防治方法，从地质构造角度分析了保水采煤的特点，总结出了断层影响下导水裂缝带高度计算公式。李文平等[81-82]采用野外工程地质测绘、原位测试和室内实验等研究方法，在研究分析榆神府矿区保水采煤的工程地质条件特点过程中，依据煤层上部隔水层、松散含水层及最上主采煤层上部基岩的空间分布状态及岩性组合，将该矿区内的保水采煤工程地质条件分成 5 种类型；并根据煤炭采出后潜水流失程度、补给状态以及水位埋深变化等，将生态脆弱区保水采煤条件划分成 4 种类型。

② 基于传统“三带”理论，提出保水开采机理。白海波等[83]、张杰等[84]、师本强等[85]、侯忠杰等[86]、蔚保宁[87]、刘腾飞[88]采用相似材料模拟实验分析榆树湾煤矿首采面开采过程，得出分层开采中，当上分层采高为 5 m、隔水层及上覆松散含水层位于弯曲下沉带时进行保水开采是可行的；当采用放顶煤法开采 11 m 厚的煤层时，采动裂隙发育至地表，不能实现保水开采。黄庆享等[89-90]通过相似模拟实验研究了榆树湾井田浅埋煤层保水开采相关问题，分析了井田内浅埋煤层覆岩移动基本规律；在此基础上提出当采高为 5 m 时，隔水层在采动影响下下沉方式为整体弯曲下沉，因此隔水层整体保持稳定状态，其隔水性并未受到破坏，该情况下可实现保水开采。

③ 基于关键层理论，提出保水关键层假说。孔海陵等[91]、王长申等[92]、缪协兴等[93]提出保水开采的目标就是对隔水关键层完整性的保护理念，详细阐述了隔水关键层的概念及内涵，提出隔水关键层多为复合岩层所组成的理念，同时建立了隔水关键层模型。浦海[94]基于关键层理论阐述了保水采煤机理的主要内涵，通过建立力学模型，运用实验研究、理论分析、数值模拟等方法和手段，系统分析了隔水关键层的基本力学特性以及隔水性能特征，在此基础上以神东矿区综采工作面为研究对象进行了验证。

④ 针对浅埋煤层，研究了覆岩活动基本规律。康建荣等[95]分析了采动过程中覆岩力学模型及断裂破坏条件，基于此，同时考虑覆岩岩性特征、覆岩厚度以及煤层埋深等因素，建立了顶板断裂时的临界模型，用于工作面开采长度的确定。李树刚等[96]分析得出覆岩采动裂隙具有椭抛带特点，探讨了覆岩关键层赋存状态对采动裂隙分布形态的影响。许家林等[97]探讨了开采过程中关键层的变化对岩层及地表等的影响，拟合了“砌体梁”结构位移曲线方程，揭示了关键层和表土层两者间耦合的相关规律。

(3) 不断丰富研究手段，并成功应用于工程实践。

① 基于模拟分析，掌握了岩层移动、裂隙发育等基本规律。梁世伟等[98]、R. Zhang等[99]、陈平定等[100]、武强等[101]分别采用理论分析、数值模拟与实验室实验相结合的办法，分析了裂缝带引起滞后突水情况，得到了突水与防突水潜能之比，得到了厚土层浅埋煤层开采“三带”发育高度，探讨了保水煤柱与覆岩的稳定性之间的关系。张杰等[84]、侯忠杰等[102]分别对榆树湾、石圪台等矿进行了物理模拟，对岩层移动规律、隔水层稳定性等进行了研究，为保水开采的实施提供了科学依据，同时给出了浅埋煤层裂隙发育特点和判别依据。另外，汪辉[103]、张玉江等[104]对保水开采非亲水性相似模拟材料配制、提高岩层位移测量精度等进行了大量的研究。

② 结合工程实践，丰富和发展了保水开采理论与技术。魏久传等[105]、聂伟雄[106]、D. P. Adhikary[107]采用现场实测和数值模拟结合的方法对澳大利亚新南威尔士矿区采动后岩层渗透率情况进行分析，结果表明开采对岩层渗透率产生很大影响，距离煤壁11.2～11.5 m处的渗透率增加近50倍，而20 m以外岩层的渗透率基本不变。康永华等[108]通过钻孔观测方法研究了开采过程中覆岩破坏规律，分析了钻孔破坏规律。任奋华等[109]总结分析了采场覆岩移动变形特征，并总结了采动覆岩破坏监测常用的方法。P. M. V. Nguyen等[110]、K. B. Singh等[111]在研究印度坎普蒂煤田含水层下开采过程中，提出了采动裂隙不会导致含水层破坏的岩层厚度与埋深之比为0.55～0.61，并对此条件下最大沉降量、应力等进行了研究。V. Palchik[112]通过实测得出顿涅茨克盆地煤矿长壁开采水平裂隙位于工作面上方12.9～149.4 m，竖直裂隙长度在50～400 mm之间，竖直裂隙长度和煤层厚度之比在0.03～0.29之间，平均为0.09。梁世伟等[98]、A. Majdi等[113]、M. Naoi等[114]、I. A. Wright等[115]分析了影响长壁开采过程中采动裂隙发育的主要因素，为煤炭开采过程中含水层保护提供了依据。

(4) 成为社会共识，得到了政策、法律等层面的支持。

目前，保水开采已经得到了学界的广泛关注，已成为社会各界讨论的热点话题，国家“十三五”规划纲要也对绿色开采的实施提出了明确要求。国际上，随着采矿对环境破坏日益得到重视，一些国家相继出台了相应的法律性措施[112,114,116-120]。例如，比利时曾经制定了相应的法律，若采煤破坏列日城下含水层，责任人会被判处死刑[121]。自20世纪70年代以来，美国针对采矿与水资源保护之间的矛盾日益突出的现状，从工、农业等水资源的争夺角度进行了深入研究[122]，先后实施了“国家地下水资源总评价”和“区域含水系统分析计划”等工程。匈牙利通过建立地表调蓄水库，以调控、处理和再利用等方式对煤矿排水进行利用[114,118,121,123-124]。2000年，欧盟组织制定了《水框架指令》，明确指出了环境价值是水资源保护的核心的理念，水量和化学状态是地下水的环境目标，生态和化学状态则是地表水的核心。国际上，不同国家先后建立了相应的概念模型，用来分析矿区地下水与采矿、环境系统相互作用关系，建立了矿井水管理系统、许可证制度，推动了矿井水保护的法治化进程[86,91,125-126]。

1.2.3 水资源承载力发展现状

(1) 水资源承载力的概念及内涵。

承载力是物理力学学科中的一个基本概念，一般译为carrying capacity或者bearing capacity，具有力的量纲，其基本含义为物体在不发生任何破坏时所能承受的最大外部载荷的能力。随着人们对世界认识的广度不断增加和各学科间的不断交流，其他领域开始对承载力的概念进行借鉴并推广，大部分是为了表达受体对载体施力大小，从而使承载力在不同领域被赋予新的含义，这推动了人们对承载力的认识由物理范畴发展为抽象概念[127-135]。典型的是群落生态学学科，最早借用承载力说法，并在群落生态学领域对承载力的概念进行重新定义，这为其他学科在借鉴承载力时提供了借鉴。畜牧业是最早将承载力进行实际应用的学科，并提出了草地承载力的概念。随后土地承载力被提出[136-137]，土地承载力提出的背景是世界人口大幅增长、可耕种土地面积逐渐缩小、粮食危机不断凸显。紧接着地球承载力被提出并被广泛关注，20 世纪六七十年代，人们对自然资源耗竭与环境恶化问题不断关注，广泛开展了相关命题研究和探索[138]。到了 20 世纪 80 年代后期，在提出可持续发展概念和思想的基础上，承载力获得新的发展和认识，认为可持续发展是承载力的固有方面[139]。目前，多个学科开始了在可持续发展为框架的基础上对承载力进行研究，如人口、自然资源、环境、土地等[140-143]。同时，对其概念、分析方法等也均有较好的发展[144-145]。

人们对于水资源承载力的概念尚未形成统一的认识，不同学者从不同角度定义了多种多样的概念，但其本质上基本一致，均以可持续发展作为指导思想，主要分成两大观点：第一种观点从水资源开发规模角度出发；第二种观点从水资源支持持续发展能力角度出发。其中第一种观点代表学者有新疆水资源软科学课题研究组、许有鹏、冯尚友等[19,146-148]，他们认为：水资源承载力是基于一定技术经济水平和社会生产，水资源能供给工农业用水、人口用水和生态环境用水的最大能力，既能保证可以持续供给当代人使用也不损害后代人需求的规模和能力，同时保证生态环境的基本需要。支持第二种观点的有阮本青、施雅风、朱一中、夏军、惠泱河等[144,149-152]，他们认为：水资源承载力是指在一定历史发展时间内，某一区域内的水资源，依据可预见的技术、经济和社会发展水平，以可持续发展为原则，保证社会和生态系统不被破坏的同时，对维系区域经济和生态环境良好发展的最大支撑能力。综上所述，承载力发展到今天，已超过力学定义范畴，而是一个具有相对阈值和极限内涵的概念，并与资源禀赋、技术手段、社会选择和价值观念等密切相关，这赋予了承载力具有不固定的、非静态的以及复杂关系的性质[153-158]。

(2) 经过近半个世纪，我国水资源承载力的研究取得了丰富的成果。

20 世纪以来，人口膨胀、工业发展迎来新的机遇，工农业不断被重视，这导致了相关系统和行业用水出现紧缺，同时水污染问题日益严重，这两个问题逐渐被重视和提及，如不解决将威胁到人类的生存，水资源可持续发展的观点在此时被提出。水资源承载力的研究是在此种情况下开展的，基于可持续发展理念，并对社会可持续发展与水资源相互关系进行了深入的探讨研究。承载力，作为力学中的一个基本概念，是静态无交互的，在研究某一区域系统时，学者们将这一基本力学概念进行引用，定义为区域内资源对外部环境变化的最大承受能力。作为土地资源承载力后的又一个热点问题，水资源承载力逐渐被广泛关注和讨论。20 世纪 80 年代后期以来，我国开始对水资源承载力开展研究工作，按时间顺序大体分为四个阶段[127,130-131,134,155,159-165]。

20 世纪 80 年代后期—1995 年为第一阶段，该阶段为概念形成阶段。有关学者开展了水资源基础理论的研究，在此基础上将研究内容延伸到水资源承载力概念上。由于研究案例较少，水资源承载力的概念解释、理论分析以及评价方法均处于起步状态。在该阶段，施雅风等基于常规趋势法等手段研究了新疆乌鲁木齐河流域的水资源承载力状态。

1996—2000 年为第二阶段，根据其特点将该阶段定为开拓与探索性研究阶段。政府部门在此阶段加大了对研究的支持力度，很多专家学者在理论基础研究、指标体系构建、评价模型分析等方面也有很大建树，全面、系统地研究了我国水资源承载力特征和内涵，分析研究了大量经典案例，为后续研究奠定了基础。

2001—2016 年为第三阶段，该阶段为专题与系统性研究阶段。学术界明确了水资源承载力的定义与内涵，拓展了区域水资源承载力的概念，在此基础上进一步拓展深化了理论基础研究。例如，汪恕诚等多次论述并探讨水权、水资源的优化配置问题，以及与可持续利用之间的关系，很大程度上推动了我国水资源问题的相关研究。朱一中等指出水资源承载力问题的基础研究包括：可持续发展理论、水-生态-社会经济系统理论以及水文循环在二元模式下的机制和过程[150]。该阶段的发展对于相应的概念认识更加深入、评价模型进一步成熟、研究手段也逐步完善和丰富，例如，龙腾锐等[138]将人口增长和经济总量增长作为目标，改变了原来研究区域开发和水资源管理政策的不足，重点考虑了水生态系统功能的完整性，同时将人口分配水资源量作为重点进行考量。夏军等[151]对“社会经济-水资源-生态与环境”复合系统的影响进行了分析，探讨了城市化过程中水资源承载力的主要影响因素。

2016 年至今为第四阶段，将其称为创新与发展时代。水利部门和设计部门在以上研究成果的基础上，组织开展了全国性监测预警机制建设工作，并编制了相应的技术大纲作为参考；科技部门为了更好地支持相关理论和技术的研究，同时解决水资源承载力评价、优化以及配置等相关问题，拓宽了水资源承载力的研究范围与内容；另外，不同学科也相继开展了对水资源承载力的研究，这在一定程度上丰富和发展了研究范围和广度，这些研究成果为该课题的发展和延伸奠定了基础。

(3) 国际上对区域水资源的研究，丰富了水资源承载力的内涵。

国际上相关的研究大多聚焦于水资源领域，关于水资源承载力的专题研究未见相关报道，相关的研究基本上归入可持续发展理论或者与水资源配置进行统一分析，也有学者将其与生态、土壤等联系在一起。如 S. D. Joardar[166]认为应该将水资源承载力纳入城市发展规划当中，以城市为对象进行了详细分析。M. A. Rijsberman 等[139]提出城市水资源安全保障的衡量标准，并从水资源评价和管理体系监督角度出发进行了相关研究。J. M. Harris 等[167]提出了关于农业生产区域发展潜力的一项标准，并指出将水资源对农业的支撑能力作为衡量指标。美国的 URS 公司[168]在研究佛罗里达 Keys 流域过程中，着重分析了承载能力的概念、研究方法和模型量化手段。Falkerunark 等在分析发展中国家的水资源的使用阈值时，利用数学模型为水资源承载力的专题研究提供了借鉴。O. Varis 等对我国长江流域水资源特点进行了分析，以此为切入点分析了我国 21 世纪前 20 年左右的水资源管理可能面临的问题[169]。T. Sawunyama 等于 2006 年利用 GIS 与遥感技术，评估了非洲东南部地区的 Limpopo River Basin 小水库的调蓄能力，并作出详细评价[170]。A. Bjørn 等对生态系统承载能力与生命周期之间的关系进行了分析，并将承载力定义为自然状态下环境最大持续经受功能负面化的能力，通过对气候变化、土地利用和水资源分配等相关因素进行深入分析，探讨了承载力变化的主要影响因子[141]。

S. H. A. Koop 等对气候变化、都市化水污染所造成的一系列问题与城市承载能力之间的关系展开研究，基于来自 27 个国家 45 个城市的案例分析结果，提出了合理的水资源配置问题[7]。F. Cluzel 等提出生态创新方法和工具在企业中的应用，首次将生态内涵应用于企业管理中，拓展了生态系统概念和应用范围[171]。A. Kalbusch 等从生活用水角度分析了全球变暖、能源消耗等因素，提出通过使用节水龙头的方法加强环境保护，同时还得到了该方法可以延长环境生命周期的结论[136]。

I. Malico 等认为森林和农业生产对能源生产提供了有利的支撑，但是它们之间的联系是复杂多变的，尤其是对环境的影响需要进一步评估；他们选取葡萄牙埃斯特雷莫什地区进行实地研究，研究认为人类活动对生态环境会产生影响，但是正确的植被管理等作用对生物多样性增加以及维持生态环境具有积极作用[172]。

1.2.4 煤炭科学开采规模决策研究现状

煤炭产能受行业盈利、政策管理等相关因素的影响，煤炭产能问题随着煤炭行业的低迷逐渐受到学者和政府部门的关注。纵观国内外现有的文献来看，对于煤炭产能的研究主要集中在政策、影响因素等方面，另外煤炭开采规模是一个多因素影响下的复杂系统，不同学者出发点和研究角度不同，所得到的结论和认识也会有差别，因此，采矿界对煤炭开采规模的认识尚未统一[173-179]。

矿产资源开采规模决策研究始于 20 世纪 30 年代，由美国数理经济学家 Hotelling[173] 提出，Hotelling 采用最优控制理论研究了矿产资源最优开采路径问题。进入 20 世纪 70 年代，J. Stiglitz[174]、K. Townsend[175]、R. M. Solow 等[176] 运用最优控制理论，考虑储量、成本等因素，对不可再生能源开采规模进行了预测并对 Hotelling 理论进行了解释和丰富。20 世纪 80 年代，石油危机的爆发，使得越来越多的学者开始研究能源资源的最优开发路径，相继构建了多个预测模型，并运用构建的模型分析了环境、政策、市场结构等对资源开发的影响[177-180]。20 世纪 90 年代，我国学者开始对能源资源的开采决策进行研究，张金锁等基于技术、环境等因素对煤炭开采规模进行了研究，魏晓平等研究了矿山资源的最优配置问题，这些研究成果为我国煤炭科学开采规模问题研究奠定了基础[177]。

我国学者对煤炭开采规模的研究主要集中在科学产能的分析上，按照时间顺序可分为四个阶段：第一阶段为 20 世纪 90 年代，张先尘、张东升等将工作面开采布置条件、采煤工艺以及参数优化等作为基本条件，对煤炭高产高效的风险性、可靠性和经济性进行了论述，该阶段可称为高产高效矿井建设阶段；第二阶段为 21 世纪初至 2008 年，随着煤炭市场的高速发展，市场对煤炭的需求大幅度提升，大量煤炭被采出利用，煤炭产量增加后对环境和水资源的破坏日益凸显，学术界开始以水资源、生态环境的承载能力作为考量条件对煤炭产能进行约束；第三阶段为 2008—2011 年，该阶段市场对煤炭的需求开始下滑，钱鸣高院士提出“科学采矿”“绿色开采”和“科学产能”理念，意在采用安全高效的方法将煤炭最大限度地采出，同时将对水资源和生态环境的扰动降到最小，实现多资源共同发展，此阶段称为绿色开采和科学开采阶段；第四阶段为 2011 年至今，为科学开采规模实践阶段，谢和平等分别于 2011 年和 2012 年对科学产能概念、影响因素和决策模型进行了分析[10,181-182]，强调了科学产能应该包括安全开采、高效开采和绿色开采三个关键因素，并对科学产能的含义进行了详细阐述。

近年来，在前人对开采规模的解释和论述的基础上，我国很多学者开展了煤炭开采规模的实践研究。张颖[183]基于多属性决策理论对矿产资源的开采规模进行了综合评价，以江西某铜矿为例进行研究，提出了三种生产规模决策方案，为煤矿开采规模决策提供了参考。李莎[184]在其硕士论文中，以陕北地区为例，利用最优控制理论，以环境承载力、资源赋存等为约束条件构建了最优控制模型，并对陕北矿区开采规模进行了计算分析。张树武对科学产能评价指标和方法进行了分析，并通过对 2016 年我国 400 多家煤矿进行调研和计算，对我国煤炭企业科学产能进行了评测分析[185]。赵燕等在研究了资源、环境、经济等相关因素对产能影响的基础上，对我国区域煤炭产能规划进行了探讨，认为在环境约束下，我国到 2030 年时的煤炭消费总量大约为 45.6 亿 t。实际上，矿区科学开采规模决策应以矿区实际情况而定，不同区域主要影响因子不同，其决策分析模型也应有所改变。

1.2.5 存在的主要不足

尽管国内外学者对水资源承载力和矿区开采规模进行了一定的研究，但仍然有一些问题需要加深研究或亟须解决，主要有以下几点：

(1) 对于矿区水资源承载力，特别是生态脆弱矿区水资源承载力的研究较少或并不深入。现有水资源承载力的研究成果主要以河流或城市为主，对水资源承载力的定义也未形成统一的认识，虽然形成了多种多样的研究手段，但对其影响因子的确定存在较大分歧；查阅文献显示，对矿区水资源承载力的研究鲜有涉及，对其内涵、特点以及概念的表述并不明晰，其研究方法、影响因素、评价模型等均需进行探索研究。

(2) 保水开采是实现绿色开采的基础，实施保水开采对生态环境的影响没有相应的评价标准，以水资源承载力作为煤炭开采与生态环境之间的“桥梁”，是矿区可持发展的基础。对于保水开采的研究，研究的主体主要在保水开采技术和分类上，而对于保水开采的评价依据或者评价标准——“水资源承载力”研究尚未全面开展，实施保水开采对矿区水资源承载力的影响特征还有待加强研究。

(3) 矿区科学开采规模决策处于理论分析阶段，亟须对生态脆弱矿区开采规模进行科学规划。我国西北生态脆弱矿区开采规模决策尚处于理论分析阶段，少有以水资源作为约束条件进行的开采规模决策；目前建立的模型将生产和需求分开研究，使两者之间失去联系，同时未将生态环境等敏感因素进行全面考虑，决策模型尚待完善。因此，需要以水资源承载力为约束条件，对保水开采评价进行系统的研究分析，从而为矿区可持续发展提供可靠的理论和技术支持。

1.3 主要研究内容与方法

1.3.1 主要研究内容

基于我国西北矿区生态脆弱、严重缺水、煤水逆向分布的特点，提出将水资源承载力作为生态环境与煤炭开采的平衡点，明晰西北矿区的水资源承载力内涵与特点；找出影响矿区水资源承载力状态的主要因子，分析主要因子对水资源承载力的影响规律；以伊宁矿区地质条件为依据进行数值模拟分析，结合模拟结果和我国西北矿区统计结果，确定影响因子隶属函数，并计算各个因子的权重；以水资源承载力为约束条件，建立矿区科学开采规模模型，探索“以水定产”开采模式。主要研究内容如下：

（1）矿区水资源承载力基本理论及概念

研究我国西北矿区水资源和生态环境特点，明确采动影响对矿区生态系统的主要影响特点；分析我国西北矿区水资源承载力、保水开采和可持续发展之间的联系，掌握采动影响下矿区水资源承载力响应机制；总结国内外相关研究成果，提出矿区水资源承载力研究方法、特征和内涵，揭示矿区水资源承载力与煤炭开采作用之间的相互影响关系，在上述研究基础上，提出采动影响下矿区水资源承载力的概念。

（2）我国西北矿区采动影响水资源承载力评价体系构建

以煤炭高效开采条件下区域生态系统基本稳定为依据，确定地质系统、采矿系统、生态系统和水资源系统为矿区水资源承载力主要影响因子，分析主要影响指标的影响特征；制定矿区水资源承载力评价标准，采用模糊综合分析法作为评价方法，建立采动影响下矿区水资源承载力评价体系。

（3）采动影响下矿区水资源承载力响应机制

以伊宁矿区为地质条件构建数值模拟分析模型，以不同开采参数、煤水赋存关系（隔水层相对位置）为变换条件，研究开采参数和煤水赋存关系对矿区水资源承载力的影响特征，分析不同条件下裂隙发育、地表沉陷等变化规律，掌握矿区水资源承载力的主要影响指标变化规律，揭示矿区水资源承载力在开采作用下的响应机制。

（4）矿区水资源承载力量化分析与验证

依据矿区水资源承载力影响因子特点，以单因素和多因素隶属函数确定原则，结合数值模拟研究结果和国内外相似矿井研究结果，分别确定矿区水资源承载力各影响因子的隶属函数；构建评价因子间判别矩阵，计算影响因子权重；以神东矿区为例，验证分析影响因子隶属函数、权重的合理性。

（5）水资源承载力约束下矿区开采规模决策

评价伊宁矿区开采条件下水资源承载力状态，分析伊宁矿区水资源承载力“富余系数”；构建生产侧、需求侧和约束侧三位一体的开采规模决策模型，引入最优控制理论，确定以水资源承载力和市场需求为约束的开采规模；开发矿区水资源承载力和开采规模决策计算软件，实现我国西北矿区水资源承载力与开采规模决策软件计算。

1.3.2 技术路线

本课题采用理论分析、数值模拟、模型推演和现场论证等综合研究方法，分析矿区水资源承载力内涵和特点，掌握煤炭开采对矿区水资源承载力的影响特点，明确矿区水资源承载力的主要影响因素，构建评价模型和标准；根据数值模拟和文献统计等手段对采动影响下水资源变化特征进行分析和验证，揭示矿区水资源承载力在不同地质条件和开采参数下的变化特点；结合开采前后水资源承载力变化特征，制定我国西北矿区科学开采规模，探索“以水定产”的科学开采模式，设计矿区水资源承载力和开采规模计算软件。具体研究思路及技术路线如图 1-1 所示。

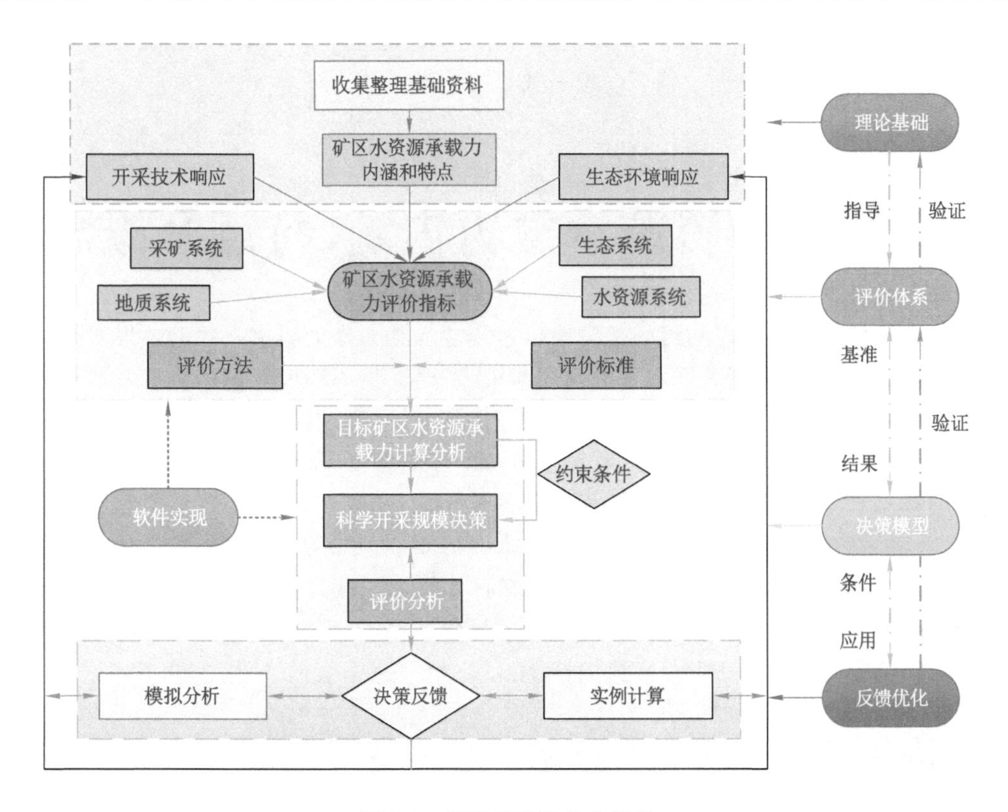

图 1-1 研究思路及技术路线

1.4 主要创新点

(1) 以采动影响为切入点,围绕矿区水系统稳定性变化及其对生态系统承载能力状态的响应,全新界定了基于采矿原理的矿区水资源承载力概念,并以之为主线,实现了井下保水开采技术实施的有效评价与矿区开采规模合理确定的有机联结,拓展了我国西北矿区由地下开采控制到地表生态环境约束的保水开采内涵。

(2) 以煤炭高效开采条件下维系区域生态系统稳定最低需水量为基准,研究了煤层埋深、煤水赋存关系、开采参数、地下水位等因子对矿区水资源承载力的影响规律,确定了采动影响下矿区水资源承载力评价指标和关键指标的隶属函数,构建了"3 层次、11 指标"的矿区水资源承载力评价体系,实现了井下保水开采技术实施的可靠性评价。

(3) 基于最优控制理论,以水资源承载力为新增约束条件,综合考虑煤炭资源储量、煤炭价格、开采成本、水资源承载力下降的附加成本、市场需求等因素,建立了矿区开采规模决策模型,并以伊宁矿区为例,提出了整装煤田大型矿区基于水资源承载力的矿区规划新方式和保水开采新理论,实现了煤炭资源与水资源的协调发展。

2 矿区水资源承载力内涵、特点及概念

研究矿区水资源承载力的目的是试图以水资源承载力作为约束条件反映煤炭开采对矿区生态环境的影响,从侧面表征水资源与煤炭资源开发、生态环境保护的协调发展特性。矿区水资源承载力可作为生态脆弱区实现绿色开采和可持续发展的限制和测度。本章从煤炭开采角度出发,综合分析煤炭开采过程对水资源的影响特征,研究矿区水资源承载力在采动影响下的基本特点;基于可持续发展和保水开采理论,研究矿区水资源承载力与矿区水资源、生态环境保护的联系,结合其他学科有关水资源承载力研究成果,探讨矿区水资源承载力在采动影响下变化特征及内涵;基于此,对矿区水资源承载力概念进行全新界定。研究结果对于正确理解和合理建立矿区水资源承载力评价体系和计算方法,恰当地评价矿区水资源对生态环境的支撑能力是十分必要的。

2.1 我国西北矿区水资源和生态环境特点

(1) 水资源短缺、生态环境脆弱是西北矿区面临的普遍难题

我国能源分布特点为西多东少、北多南少,以煤炭为主要能源,这是西北地区为我国能源战略中心的主要原因,也是我国在推进“一带一路”倡议中的重要内容。我国西北地区蕴藏着丰富的优质煤炭资源,因西北地区属干旱半干旱地区,水资源短缺、供需矛盾突出,而煤炭资源的开发需要大量的水资源作为支撑,这决定了水资源是制约西北地区煤炭资源开发的主要因素。西北地区煤炭资源探明储量约占全国 80%以上,而位于西北地区的新疆煤炭资源占全国的 40%以上,2000—2018 年西北五省(区)煤炭年产量由 1.86 亿 t 增长至 18.5 亿 t,占全国煤炭产量比例由 15%增至 52%。2016—2018 年西北五省(区)煤炭产量情况如图 2-1 所示(扫描图中二维码获取彩图,下同)。因生态环境较为脆弱,西北矿区煤炭资源开发过程中面临着严峻考验,与中部和东部矿区所面临的水害、冲击地压等不同的是,西北矿区严重缺水、生态脆弱,要以保护生态和水资源为重点。

新疆正规化建成四大煤田(准东煤田、吐哈煤田、伊犁煤田、库拜煤田),其中伊犁矿区是新疆四大矿区中唯一的降水充沛的矿区,是新疆地区生态环境最好的矿区,自然风光优美,常被称作“塞外江南”“中亚湿岛”。据统计,伊犁矿区煤炭储量超过 6 000 亿 t,占全疆约 27.4%,其煤层赋存特征为埋藏浅、煤层厚、煤质好,是我国少有的“富煤、富水”地区。矿区内生态脆弱、煤层埋藏浅、含水层位于煤层上方,形成了“生态环境—水资源—煤炭资源”系统。在丰富的煤炭资源和水资源优势基础上,伊犁矿区已建成我国七大煤化工基地之一,具有非常重要的战略意义。现阶段如何化解大规模的煤炭开采和水资源保护之间的矛盾、煤炭开采导致地表水和地下水流失、地表荒漠化、生态环境恶化、水土流失等一系列问题是学界急需解决的问题。

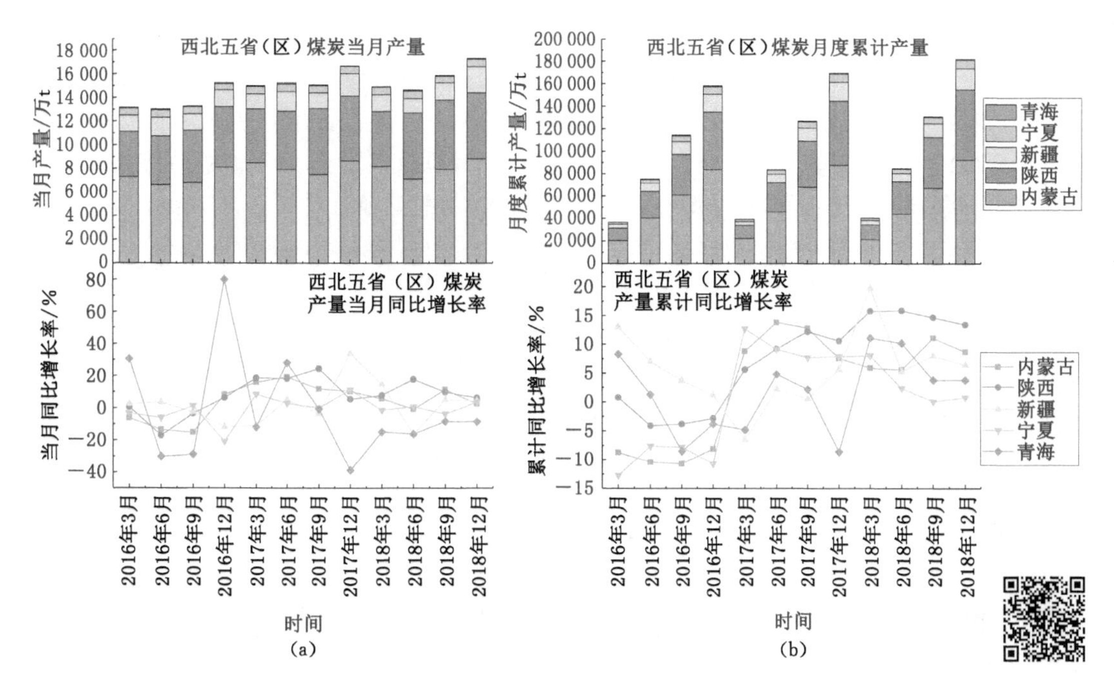

图 2-1　2016—2018 年西北五省(区)煤炭产量情况

伊犁地区环境优美、矿产资源丰富，煤炭开采造成的负面影响会导致原有生态平衡被打破，造成的“生态损失”将远大于煤炭资源开发利用所创造的经济价值。因此，伊犁矿区煤炭开采与生态保护之间的矛盾更加凸显，亟须采取适当的保护措施，否则必然会造成矿区生态环境的严重破坏。在伊犁矿区进行煤炭开采活动时首先就要考虑生态环境的保护问题，特别是对水资源的保护更是重中之重。

(2) 生态环境和水资源保护是开发西北矿区的重点

近半个世纪以来，我国对西北矿区的开发强度和范围不断加大，这使得大型能源基地脆弱的生态环境更加脆弱。煤炭资源的开采和利用一直处于重开发、轻保护的状态，从而导致矿区内生态环境遭到不同程度的破坏。煤炭开采引起的地表变形破坏、采动裂隙、地表沉陷等现象会加剧水土流失、土地荒漠化等，造成地下水流失、水位大幅度下降、植被枯死、生态环境破坏。该情况在西北矿区尤为突出，一旦被破坏将会产生不可挽回的损失，在开发神东、榆神等矿区过程中上述情况均有出现。范立民等研究表明：大柳塔、孙家岔等矿区在开采过程中水位降幅最大可达 15 m，且影响区域面积达 306 km^2。伊犁矿区植被主要以季节性草本植物为主，矿区内水资源量和水质情况控制着矿区内植被生态的形式和状态，煤炭资源的开发利用不可避免地会对植被产生影响，解决此问题的有效途径是加强煤炭开采过程中水资源的保护。

煤炭资源被采出后，会引起地表沉陷、含水层破坏、地下水位下降，从而导致浅表水资源流失，严重者将导致含水层疏干；持续的地下水位下降，会导致植被枯萎、死亡，生态环境退化；生态环境持续恶化会加剧水土流失和地表荒漠化，影响水资源的正常涵养与补给，使本就短缺的水资源更加短缺，脆弱的生态环境更加恶化。为避免重走东部矿区“先破坏后治理”的老路，实现矿区的可持续发展，必须解决水资源、生态环境和煤炭开采之间的矛盾。

20 世纪 20 年代以来，国内外专家对水体下采煤进行了大量的研究，水体下采煤技术取得了丰富成果，特别是保水开采技术和理论的提出，并在神东、榆神等矿区进行了大量的现场验证，为我国西北生态脆弱矿区煤炭开采过程中的水资源保护提供了大量的理论和实践经验。但是新疆地区该方面的研究尚未全面展开，该地区生态脆弱、埋藏浅、水资源短缺等条件下的煤炭开采仍存在很多待解问题，特别是伊犁矿区这种具有特殊条件的矿区，虽然水资源丰富，但受煤层赋存特征影响，地表出现台阶式下沉现象，开采引起的采动裂隙沟通地表，煤层上方的含水层以及地表径流均会直接受到威胁，同时会对当地生态环境构成巨大威胁。

总结而言，西北矿区煤炭资源开采主要破坏对象是水资源，水资源的破坏成为矿区发展的主要矛盾；作为保证矿区生态环境良好发展的主要承载体，水资源的承载能力是矿区实现可持续发展的关键性因素。正如前文所述，矿区水资源承载力可衡量保水开采技术的成功与否，矿区水资源承载力也关系矿区是否能实现绿色开采和可持续发展。由此可见，如何保护采动影响下的水资源，保证水资源在开采过后对矿区生态环境的承载能力，推进煤矿开采区域的可持续发展，已成为我国干旱半干旱生态脆弱矿区必须解决的理论和实际问题。

2.2 水资源承载力与矿区可持续发展、保水开采的关系

人类和自然的和谐健康发展必须维持在一定的承载能力范围之内，20 世纪以来，科学技术的突飞猛进以及人口的急剧增长，导致自然资源的无节制开发和使用，致使生态环境恶化、资源枯竭，已经威胁到人类的生存和发展。在此种情况下，人类面临着经济、社会、环境三大问题的考验，人类开始反思自身的发展模式，并对未来发展有了忧患意识。为了谋求自然资源的开发利用、人与自然的和谐相处，探寻新的发展模式是解决上述问题的必由之路，这就是可持续发展思想的由来。

目前，可持续发展理论在多个学科得到了良好的发展，包含社会学、生态学、系统科学等学科，因此它是一个包括多个学科在内的边缘科学，自 1987 年首次被提出以来已有三十余年的历史，其内涵不断深化发展，它的经典基本思想已被世界各界所认可；1989 年提出的《关于可持续发展的声明》使得可持续发展理论被广泛认可；1992 年制定的《21 世纪议程》是可持续发展理论被深化认识的标志；我国于 1994 年发表的《中国 21 世纪议程——中国 21 世纪人口、环境与发展白皮书》标志着我国对可持续发展的普遍接受。人类社会的可持续发展离不开矿产资源、土地资源、水资源、森林资源等的持续供给和支持，社会的可持续发展离不开这些资源的可持续发展，也就是说资源的可持续发展保证了社会的可持续发展。同样地，矿区主要以煤炭生产和生态环境保护为主，因此，煤炭资源和生态环境的发展问题就是矿区实现可持续发展的最基本问题。

为了实现社会的可持续发展，需要在开发和利用自然资源的同时，补偿系统内被索取的资源，从而保证生态环境在良好循环的前提下实现健康发展。在利用自然资源的过程中，不仅要满足当下的需求，还要顾及后人的需要，即要有公正性。另外，自然界是一个复杂的系统，实现可持续发展需要综合协调各个子系统之间的关系。概括而言，可持续发展具有三个方面的特征：① 鼓励经济增长；② 保护自然是基础，强调资源、环境两者的协调发展；③ 以改善和提高人类生活质量为目的，也为了促进社会进步。对于矿区可持续发展来说，可持续发展与矿区的生态环境保护是一个有机整体，也是衡量矿区生态环境在煤炭开采影响下发

展水平和程度的标志，强调的是放弃高破坏、高增长的粗放模式，尽可能地减少对环境的污染，体现了环境可对生态支撑的价值，在自然和社会发展中具有很强的普适性。

自然资源和生态环境保护是可持续发展的基础，实现资源、环境的承载力与可持续发展相协调是最基本的目标之一。水资源承载力和可持续发展概念的提出在同一时期，两者相辅相成，都是人类在面临人口、资源、环境等现实难题的情况下被提出的，并且二者均强调了人类发展与资源之间的紧密联系。矿区的可持续发展以生态环境保护为基础，追求生态环境与煤炭资源的协调发展，水资源保护问题是重中之重，水资源承载力是矿区生态环境保护和煤炭开采的“桥梁”。矿区水资源承载力要以矿区生态环境和水资源保护为基础。要根据煤炭开采与水资源保护之间的协调关系制定科学的开采规模，强调煤炭开采的阈值，作为水资源承载力的一个分支，原则就是可持续发展，基础也是为了实现矿区可持续发展。可持续发展强调的是各种资源的协调、可持续以及公平发展，是以较高的视角看待问题，是矿区水资源承载力研究的总纲。

保水开采理论是采矿界在煤炭开采造成环境和水资源破坏问题日益凸显的背景下所提出的，其基本理念是实现煤炭开采与生态环境和水资源保护的共赢，避免重走“先破坏、后治理”的老路，加强生态脆弱矿区煤炭资源和水资源的可持续发展。保水开采的目的是对矿区生态环境的保护，生态环境可反映煤炭开采造成的水资源破坏程度，水资源对生态环境的承载能力直接影响生态环境的好坏，而保水开采的具体实施可影响水资源承载力状态。因此，水资源承载力状态是煤炭开采与生态环境和水资源保护的最直接反映，也是两者之间联系的桥梁；保水开采是维持矿区水资源承载力状态的关键制约因素和技术支持。

综上分析，水资源承载力、可持续发展、保水开采三者之间的关系为：可持续发展是矿区水资源承载力的总纲和指导思想，可持续发展以生态环境保护为基础，与矿区实现绿色开采和水资源保护相协调；而水资源承载力是可持续发展的状态体现，矿区水资源承载力作为水资源承载力的一个分支，其研究成果可弥补可持续发展理论成果；保水开采是矿区可持续发展的技术措施和落脚点，也是矿区水资源对生态环境承载力的技术支持和具体实施，对于西北生态脆弱矿区实现绿色开采和可持续发展具有重要的研究价值。三者之间的关系如图 2-2 所示。

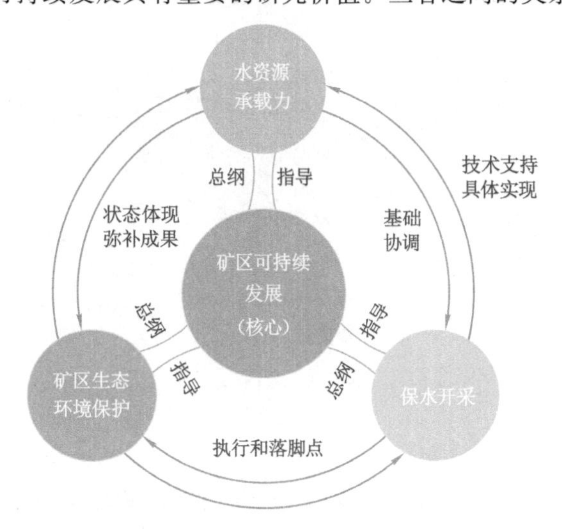

图 2-2　水资源承载力、可持续发展、保水开采之间关系

2.3 煤炭开采作用下水资源承载力响应机制

对某个区域来说，在不受外界干扰的情况下，区域内的各个系统（生态系统、水资源系统、社会系统等）之间维持一个相对平衡状态，水资源对整个系统的支撑能力也处在动态平衡状态之中。结合上文分析结果，对矿区来说，最重要的系统为生态系统和水资源系统，对生态系统起到关键作用的是水资源系统的支持，整个矿区水资源承载力的状态在一定程度上取决于生态需水量。煤炭开采作用打破了原有水资源的平衡状态，使得整个系统具有很大的不确定性，水位变化和水资源总量对生态系统起主导作用。因此，研究生态系统、水资源系统等在采动影响下的演化规律，掌握开采前后水资源承载力状态，同时对煤炭开采与水资源承载力、生态环境之间的关系进行分析，为矿区水资源承载力评价提供理论基础。

2.3.1 我国西北矿区煤炭资源开采引起的生态问题

（1）煤炭开采引起的负面问题

我国煤炭资源丰富，是世界煤炭储量大国，目前探明储量位居世界第二[186]。从煤炭分布特点来看，西北和华北地区是主要煤炭赋存区，其次是东北、湖南、四川等地。从煤炭赋存特点和开采情况来看，东部和中部地区逐渐向深部开采；而西部地区煤炭埋藏较浅，大部分倾角较小。我国“十三五”规划纲要指出煤炭作为我国主体能源的地位不会改变，要与“一带一路”战略思想相结合，重心逐渐向西部转移；《煤炭工业发展“十三五”规划》提到，我国到2020年煤炭发展目标为基本建成集约、安全、高效、绿色的现代煤炭工业体系，并指出要继续推行绿色开采，因地制宜推行保水开采等绿色开采技术。推行保水开采的目的是保护生态脆弱地区生态环境和水资源不被破坏，该问题一直是采矿界希望得到解决的主要问题之一。

煤炭开采导致矿区生态环境被破坏已被社会各界所关注。该情况在我国西北地区特别是新疆地区更为严重。本书从生态环境问题、地貌和植被、水资源三方面分析煤炭开采所引起的负面问题（图 2-3）。

(a) 生态环境破坏[32]

(b) 植被根须裸露、枯死

(c) 水资源破坏[67]

图 2-3 煤炭开采引起的负面问题

① 开采引起的生态环境问题

矿区生态环境问题是在煤炭资源开采作用下引起的，矿区生态环境在开采作用下的变化是一个多环节多因素的复杂问题。煤炭开采引起的生态环境变化是多方面的，包括改变地质地貌、植被枯死、土地荒漠化、水资源枯竭等，如准东煤田开采造成的塌陷区以及地貌的改变，造成了严重的生态环境问题。据新疆地质环境监测院调查结果，新疆 2 710 个企业在煤炭开发过程中造成草地、林地、耕地等土地资源破坏面积达 90 734 公顷以上[34]（1 公顷＝10 000 m^2）。一般地，矿区生态环境变化最直接的反映是植被的变化，即植被是评价区域生态环境的主要影响因素。伊犁矿区地处干旱半干旱地区，是我国西北地区少有的绿洲矿区，生态极其脆弱，微小的扰动就会造成植被大面积枯死、土地沙漠化等情况。

② 开采引起的地貌和植被变化问题

煤炭开采引起地表沉陷、滑坡等现象直接改变原有地貌特征，引发景观生态的变化，造成水土流失甚至荒漠化。如新疆东山矿区煤炭的开采造成地表产生长达几千米、宽 50～100 m 的塌陷区，产生大量地表裂缝，造成严重的水土流失，地表荒漠化加剧。煤炭采出后出现采空塌陷区，会破坏地质结构，造成地表塌陷、开裂等现象，导致地表地貌改变，出现新的地貌特征。煤炭开采引起地貌特征的改变会造成土地和水资源的破坏，最终影响植被的生长。对土地资源的破坏直接引起土壤的破坏，使土壤失去供养植被营养的能力；水资源破坏会改变原有水资源系统的循环状态，造成水资源流失甚至断流，是导致地表植被死亡的主要原因。新疆伊犁矿区植被群落为典型的草原群落，以羊茅、新疆旱熟禾、新疆亚菊等植被为主[187]，对水资源的需求极其敏感；煤炭开采引起生态变化的根源是水资源的破坏。

③ 开采引起的水资源破坏问题

据统计，我国缺水煤矿比例约为 71％，其中严重缺水的煤矿约占 40％。因此，水资源是制约矿区发展的重要环节，尤其在我国西北地区更为重要。煤炭开采造成地下水资源系统被破坏，严重的将导致区域内地表水枯竭，地下水资源被疏干，从而使本就缺水的矿区雪上加霜。通过上述对煤炭开采引起的生态环境、地貌和植被问题的分析可知，水资源保护是我国西北矿区煤炭资源开发的限制性因素，是煤炭开采后生态环境保护的关键。

新疆属于水资源非常缺乏，且水资源分布极其不均匀的干旱半干旱地区，伊宁矿区是一个为数不多的富水富煤、生态又极为脆弱的矿区。煤炭开采造成水资源破坏程度超出植被最低需求时，会造成植被的大面积死亡，出现荒漠化等情况，水资源保护性开采就是要保证煤炭开采后水资源能支持植被生长的最低阈值，或者说最低生态需水量。对于西北地区来说，支撑植被正常生长的水资源主要是地下水。地下水与植被密切相关，直接影响着植物的生长和衰败，控制着植物群落的演变与组成，对于矿区生态系统的构成、发展和稳定也有影响。我国西北地区地下水位与地表生态环境有直接关系，水位对地表植物的影响存在一个临界范围，过浅的地下水位会引起土壤盐渍化，而埋深较大时，植被根须无法吸收水分而造成植被枯萎现象[188-190]。

综上分析，地下水位是控制矿区生态环境的主要因素，保证合理的水位即可在一定程度上控制矿区生态环境的良好发展。地下水资源对生态环境的支撑体现在生态需水量上，决定生态需水量的是地下水位埋深的变化，即地下水位是衡量矿区水资源承载力在开采后状态的重要指标之一。

（2）地下水位与矿区水资源承载力

水是植物生长的限制因子，如何满足植物生长所需水分，是生态脆弱地区的一个根本问题。植被的正常生长需要水分的供给，对于干旱半干旱地区植物来说，汲取水分的主要组织是根系。干旱半干旱地区植被承载能力主要取决于水资源量（受大气降水以及地下水、地表水的补给控制，如图 2-4 所示），当地下水位下降到一定程度时，包气带内水资源量减少，当植被本身消耗的水量大于其汲取的水量时,浅根性植被将无法生存。植被退化后会减弱对地表径流的拦截能力,从而加剧区域内水资源赤字并会引起植被衰退、风沙及水土流失等问题,地下水的进一步减少将增加植被的死亡率[191]。所以,地下水位是干旱半干旱地区植被生态需水的主要影响因素,合理的地下水位是控制矿区生态环境的关键。

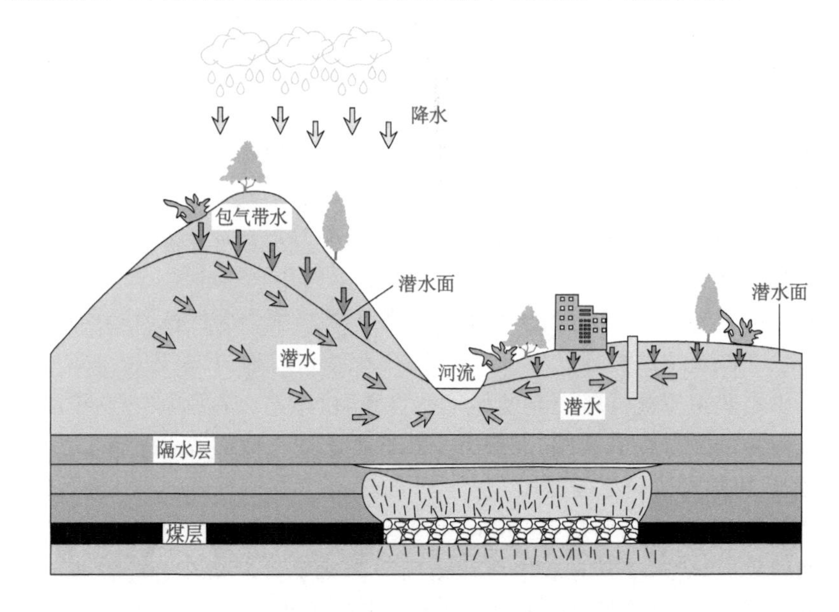

图 2-4 大气降水、包气带水、地下水之间循环关系

地下水位受到地质地貌、地质结构、地表起伏等影响,具有时空动态变化特征,对于不同区域来说,它可以是具体的某一数值,也可以是某一个水位区间,控制着水资源对区域生态环境的支撑能力。位于干旱半干旱地区,地下水位埋深较浅时,潜水蒸发过大,则造成土地盐渍化,植被吸水组织被破坏,植被枯竭死亡;当地下水位埋深较深时,植被根须无法达到含水层位置,不能满足植被正常生长的需水要求,则造成水分不足、地表河流干枯、植被退化等问题(图 2-5)。同时,植被生长状态与土壤水分直接相关,而地下水位又是控制土壤水分的关键因素。

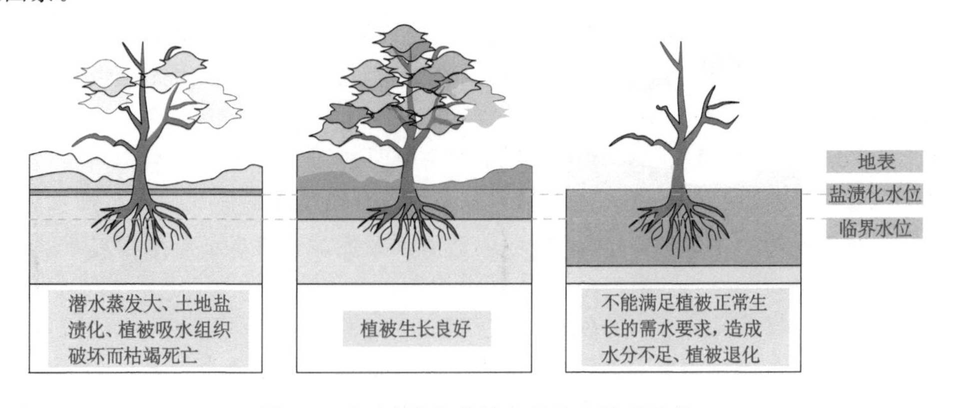

图 2-5 地下水位与植被生长状态关系示意

煤炭开采改变了自然状态下的循环平衡,改变了地下水资源流场和流动特征,使水资源

系统的补、径、排关系发生改变。国内外对煤炭开采形成的采动裂隙进行了大量的研究，试图通过研究采动裂隙来控制采动影响对含水层的破坏，也有学者通过抽放水实验、同位素示踪法等对矿区地下水进行动态研究[41-46]。近年来，我国学者从水资源保护和利用角度加强了煤炭开采对地下水系统影响的研究，形成了保水开采等研究成果。对于伊宁矿区来说，煤层埋藏较浅，上部含水层易受采动影响而破坏，从而使地下水位下降，造成一系列生态环境问题。煤炭开采引起的负面影响最直接的表现是生态环境的变化，导致生态环境变化的直接诱因是水资源循环遭到破坏或改变。上文已提及，对于生态脆弱区来说，地下水是整个区域内水资源循环的关键，控制着整个区域生态环境的演化与发展，是整个区域内生态环境的支撑要素之一，对于矿区更是如此。地下水对维系地表水分、盐分以及生物多样性等具有极其重要的作用，且适宜的地下水位是地表植被群落稳定的先决条件，特别是在干旱半干旱地区，地下水位埋深与地表生态系统息息相关。

从生态学角度讲，自然植物作为生态系统的主要生产者，是西北地区生物生态系统中的主要组成部分，在抑制荒漠化过程和保护生物多样性等方面有着重要的生态意义[192]。地下水位变化和状态直接影响植物的生长和衰败；地下水位也控制着区域植物群落的变化与组成，是干旱半干旱地区最关键的生态因子，影响生态系统的构成、发展和稳定[193]。地下水位对生态环境的影响具有阈值性，合理的地下水位会使生态环境往良性方向发展，否则会引起环境恶化；地下水位对于矿区植被的需水量起到控制作用，反之，植被的生长情况反映了地下水位的状态。因此，地下水位是区域水资源影响生态环境承载能力的重要因素，是满足矿区植被正常需水的关键；煤炭开采会导致矿区地下水原始结构关系改变，导致植被死亡，从而减小其承载能力。所以，对于矿区来说，实现绿色开采与表生生态协调发展的纽带是保持一定的地下水位，即地下水位是水资源承载力的基础和支撑，是水资源承载力的直观表征，也是生态系统对水资源需求量的直接反映，同时也是生态系统正常循环所需水资源量的重要内容。

2.3.2 开采前后生态需水量变化分析

(1) 生态需水量基本理论

目前，国内外学者对生态需水的概念和计算方法未形成统一的认识。美国于 20 世纪 40 年代最早提出生态需水量概念雏形，目的是维持河道内鱼类的生存[191-194]；Gleick 于 1995 年定义了生态需水量的概念，他认为生态需水量就是提供一定质量和数量的水用以维持生态环境，目的是最大限度地恢复自然状态生态系统过程，保护物种的多样性以及生态的完整性[194]。国外对生态需水量的研究具有代表性的学者有 Covich 和 Gleick[195]，他们将生态需水量定义为：维持或恢复生态系统健康发展的水资源总量；能够最大限度地改善生态系统及生物多样性所需的水资源量。也有很多学者在此基础上将生态需水量的概念进一步升华，将其同水资源短缺、水资源危机与配置等相联系。

国内许多学者从水文学、环境学、生态学、植物生态学等角度对生态需水量的概念和计算开展了大量的研究工作，取得了丰硕的成果。生态需水量概念分为三大类[188-196]：第一类认为生态需水量即生态环境需水量，是水资源维持生态和环境正常功能的需水量，是整个系统的需水量或者耗水量，不以单个个体所决定；第二类将生态需水量归结到生态环境需水量这一大的概念内，认为生态需水量是生态环境需水量的一部分，是改善和维持生命系统的需水量;第三类将生态需水量定义为生态系统稳定所需要的水资源量,包括人工生态和天然生态正常循环所需要的水量。

纵观国内外对生态需水量的研究成果,归结起来可从广义和狭义两方面对生态需水量进行定义。广义上的生态需水量是指从水资源角度出发,将水热、水沙、水盐平衡用水作为支撑整个地球生态系统平衡所需的用水[188]。狭义上的生态需水量是指维护局部范围内的生态系统平衡及赖以生存的环境不再恶化并逐步得到改善所需的水资源总量,是维持生态系统最基本功能所必需的用水量,也是生态系统正常循环的阈值反映[194,196]。对于生态环境脆弱的干旱半干旱地区,尤其是在西北矿区,开采引起的生态变化主要体现为植被的变化,因此,采用狭义的生态需水量概念来指导研究更有实际意义。针对煤矿开采区的生态需水量,还要考虑在煤炭开采后水位变化对生态环境尤其是植被的生存状态的影响作用。生态脆弱区植被生长状态直接反映地区的生态环境,所以,掌握天然植被需水量的大小可直接反映生态脆弱区生态环境需水量的大小。

一般来说,生态需水量可理解为水资源支撑生态系统发挥其预定功能的水资源量,是维持整个生态系统正常循环的水资源量[197]。植被作为生态系统的基本成分,是水资源维持生态系统好坏的直观反映。良好的生态环境必然有较好的植被景观。对于干旱半干旱地区来说,植被对水资源具有很强的依赖性,研究表明维持植被正常所需的水分主要是地下水,同时区域内的植被覆盖率情况、植被种类出现频率均与地下水埋深存在紧密关系[194],合理的地下水位是控制地区植被生长的主要影响因子。因此,许多学者针对地下水位与植被生长状态间接计算植被生态需水量。

(2) 生态需水量计算方法

对生态需水量概念认识的分歧,导致其计算方法也多种多样。但总结起来可分为两方面的内容:其一是河流生态需水量的计算;其二为陆地生态需水量的计算。河流生态需水量的计算方法有历史流量法、栖息地评估法等,陆地生态需水量的计算方法主要集中于建立水文模型、潜水蒸发法等[192,196]。就矿区生态系统而言,在地理位置上属于陆地区,所以其计算方法参考陆地生态需水量计算方法。陆地生态需水量的计算方法主要有三种。

① 面积定额法

以某一生态区域内某种植被所占面积和生态需水量定额乘积进行计算,然后对区域内的所有植被的生态需水量进行求和,即整个区域内植被的生态需水量。其计算公式为:

$$W = \sum W_i = \sum A_i r_i \tag{2-1}$$

式中 W——区域植被生态需水量;

W_i——i 类植被生态需水量;

A_i——i 类植被在区域内的面积;

r_i——i 类植被需水量定额。

面积定额法主要适用于对区域内植被生长状态有较好掌握的区域,如人工绿洲、防风林、农田系统等,其计算核心为不同类型植被的生态需水量,实际上由于植被生态需水量的影响因子较多,如气温、风速、土壤湿度等均会对其产生影响,自然状态下很难确定,需要进行大量的实测工作。因此,该方法计算矿区生态需水量具有一定的不适用性。

② 土壤含水量定额法

该方法的宗旨是将生态需水量定为土壤最小含水量和林地最小蒸散量的组合。首先要确定区域林地月最小蒸散定额和土壤最小含水定额，然后再测定所计算区域林地的面积。该方法对于区域内林地生态需水量计算较适用，如式(2-2)所示：

$$W_1 = W_{min}AH + \sum (ET_{min})_j A/100 \tag{2-2}$$

式中　W_1——林地最小生态需水量；

W_{min}——林地土壤最小含水定额；

$(ET_{min})_j$——第 j 月林地最小蒸散定额；

A——满足林地正常生态功能的合理面积；

H——土壤取样深度。

对于煤矿开采区来说，植被基本上以草地为主，因此该方法对矿区生态需水量计算不适用。

③ 潜水蒸发法

对于干旱半干旱地区，区域生态系统内植被的生长状态直接受潜水蒸发量的影响。该方法利用潜水蒸发量的计算方法来间接计算植被生态需水量，用某种植被在其地下水位的面积与潜水蒸发量和植被系数的乘积作为植被生态需水量计算方法。矿区生态需水的主要被给予对象为植被，植被是生态系统的最直接反映，其需水量应存在一个最小的临界值，能够维持生态系统的正常结构、功能，当水资源量低于该临界值时，区域生态系统内植被会破坏或退化。该方法适用于降水较少的干旱半干旱地区，其计算公式为式(2-3)。

顾大钊[61]的研究结果表明，煤炭开采后土壤含水量会发生变化，土壤含水量的变化规律与地下水位埋深有直接关系。对于干旱半干旱地区土壤含水量的变化，许多学者已经开展了大量研究工作，并总结出干旱半干旱地区土壤含水量与地下水位埋深之间的关系为 $W_m = 35.726\exp(-0.185H)$（$H$ 为地下水位埋深）[198-199]。据此，笔者考虑矿区实际情况和采动影响，在潜水蒸发法[196]的基础上对其进行修正，得到适合采动影响下矿区生态需水量计算公式[式(2-4)]：

$$W_N = \sum_{i=1}^{n} 10^{-3} A_i a\ (1 - h_i/h_{max})^b E_{\phi 20} \tag{2-3}$$

$$E_w = \frac{W_N}{W_m} = \frac{\sum_{i=1}^{n} 10^{-3} A_i a\ (1 - h_i/h_{max})^b E_{\phi 20}}{W_m} \tag{2-4}$$

式中　W_N——未受采动下植被需水量；

A_i——i 类植被的面积，10^4 hm^2；

a，b——经验系数；

h_i——i 类植被的地下水位埋深，m；

h_{max}——潜水蒸发极限埋深，m；

$E_{\phi 20}$——直径 20 cm 常规蒸发皿蒸发量，mm；

W_m——采动后土壤含水量；

E_w——受开采扰动后植被需水量。

在掌握矿区植被情况后，根据式(2-4)即可得到开采前矿区水资源对植被的承载能力的“富余系数”，通过测定煤炭开采后土壤含水量变化规律，即可掌握开采后地下水位的变化情况，进而计算矿区内生态需水量的变化值。与“富余系数”进行对比分析，即可对矿区水资源承载力进行评价分析。因此,研究不同条件下煤炭开采造成水资源减少量和水位下降程度是分析采动影响下矿区水资源承载力的基础。

2.3.3 水资源承载力与煤炭开采相互作用关系

(1) 开采扰动对水资源循环的影响

地下水资源和地表水资源共同组成自然界的水资源,以大气降水作为主要补给。自然状态下,水资源的循环处于自我平衡状态,水资源的循环包括降水、蒸发和径流三个环节(图 2-6),控制着区域水量平衡状态。水资源对生态系统的支撑能力处于一种动态平衡状态。煤炭开采后,煤层上覆岩层原始结构受到破坏,含水层赋存的原岩结构条件改变,导致地表水和地下水的运移条件发生变化,从而引发自然状态下地下水水位下降、流向改变和流动形式等方面的变化,进而影响水资源对区域生态环境的承载能力。另外,开采过程中的污染问题也会对矿区水资源造成一定的影响。采动对矿区水资源循环的影响主要有以下几方面:

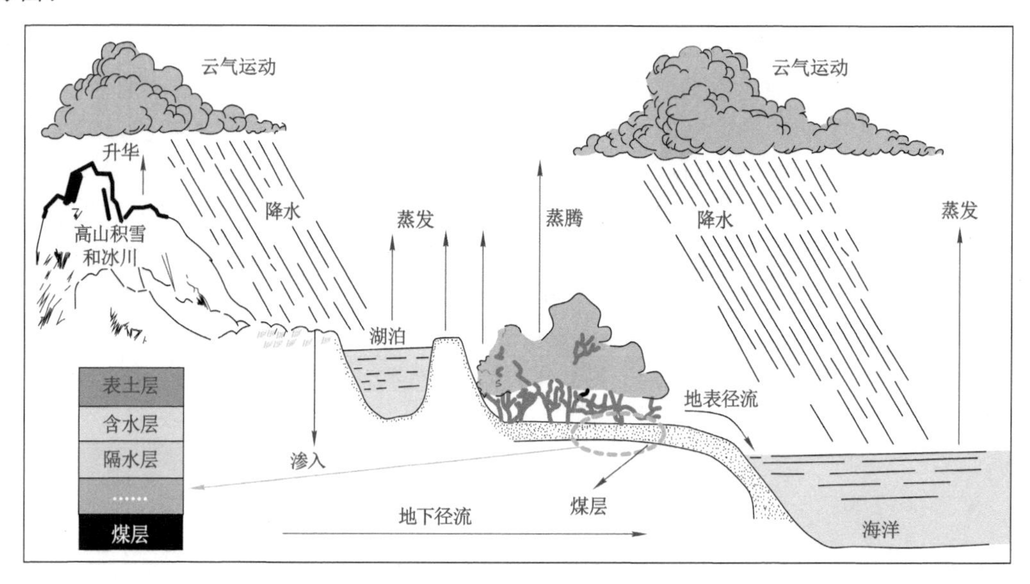

图 2-6 自然状态下水资源循环示意图

① 改变了原有的循环系统

a. 地下水与地表水的转换发生改变

自然状态下,大气降水补给地表水和地下水,地表水通过下渗作用补给地下水,地下水又会通过泉水的形式补给地表水。煤炭开采前矿区内的大气降水、地表水、地下水的转化、循环、补给处于动态稳定状态。随着煤炭资源的采出,大规模的采矿活动改变了水资源原有循环模式和状态。特别是回采过程中形成的采空区成为新的排泄通道,改变了原始状态下水资源的转化关系和转化量。采空区改变了地下水赋存空间位置,原来的含水层内的水资源涌入采空区,变为矿井积水。另外,部分含水层内的水流入采空区被处理后进行循环利用,加速了水循环,并在一定程度上会造成区域水资源总量的损失。

b. 入渗速度加快、蒸发量减少

自然状态下，地下水主要以水平方向运动为主，且运动速度较慢，经过大气降水、地表入渗等作用进行补给的周期较长。煤炭开采后地下水不断被疏降，水位降低，采空区上方形成降水漏斗，随着开采面积的增大，降水漏斗范围不断扩大，地下水位的埋深越来越大，运动速度也越来越快，采空区上方的水资源运动方向由原来的水平方向为主变为垂向为主。发育至地表的裂隙和坍塌作用加强了地表水转化为地下水的速度，使得蒸发量和蒸发速度减小。

② 对地下水流场和水资源的影响

煤层采出后形成采空区，改变了地下水流场的径流和排泄条件，流动方向和形式均被改变；随着回采工作的持续进行，含水层的破坏面积将持续增加，逐渐形成以采空区为主的排泄区，从而改变原始状态下水资源系统的循环方式。采动对含水层的影响主要有两方面：其一是采矿塌陷对地表水蒸发作用的影响，地表水会沿着沉陷区域进入采空区，将本来暴露在表面的水资源转移到地下，减少蒸发量，整个区域水资源的循环平衡被打破；其二是地下水位下降导致的泉水排泄量和地下水蒸发量改变，煤炭开采对含水层的破坏作用使得水位下降，这会减少地下水的蒸发量，且会有部分泉水的排泄量增加。

(2) 煤炭开采与水资源承载力之间的联系

矿区的水资源承载力变化的直接诱因是人为的煤炭开采作用，而人为因素的有效控制作用是保水开采的实施。矿区水资源承载力的研究是矿区实施保水开采的有效评价，也是对我国西北矿区煤炭科学开采规模的探索。

水资源承载力是绿色开采的约束条件，而保水开采是实现绿色开采的手段，两者之间存在互相制约、互相促进的关系。将矿区水资源承载力状态假设为在斜坡上的滑块，将保水开采、水资源承载力自我恢复能力等假设为对滑块施加的外在约束因素，在图 2-7 状态下研究各个影响因素之间的制约关系。

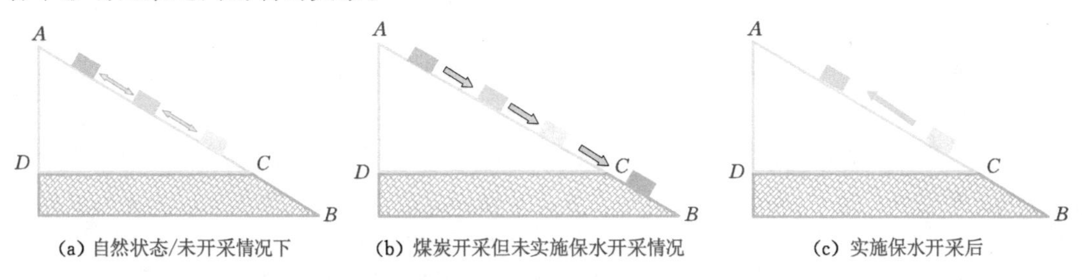

图 2-7 矿区水资源承载力、保水开采之间的联系示意

图 2-7 中 AC 段斜面具有一定的摩擦力，BC 段为光滑斜面，不具有摩擦力，将 CD 假设为矿区水资源承载力对生态环境承载能力的阈值，即当滑块滑至 CD 以下时，意味着水资源对当地生态环境失去支撑能力，且情况越来越糟，是不可逆的。这一特点与矿区水资源承载力非常相似，当某个影响因子发生变化后原有承载状态会被扰动，因此可将水资源承载力状态以斜坡上滑块维持平衡或发生运动的状态进行解释。将其分成图 2-7 中的三种状态。

① 图 2-7(a)表示在自然状态下，矿区未受到采动影响，水资源对矿区生态环境的承载能力基本上处于阈值以上，偶有波动，但均在阈值以上范围内良性发展。在区域生态系统、水资源系统等自我调节作用下，水资源承载力处于动态平衡状态，矿区内的生态环境也处于良好发展状态。

② 煤炭开采后，造成岩层赋存结构变化、水资源流失等一系列变化，从而减少了水资源

对生态环境的供给。随着开采强度加大，水资源破坏情况越来越严重，进而导致水资源承载力不断下降，将其表示成图 2-7(b)中滑块的变化情况，可以看到，在不实施保水开采等措施下，滑块不断下降，一旦下降至 *CD* 阈值以下时将彻底失去对生态环境的承载能力。所以，在滑块下降至阈值之前应该采取相应的技术措施，阻止水资源承载力的继续下降，防止生态环境恶化。

③ 图 2-7(c)表示在煤炭开采过程中，水资源承载力下降至一定范围内时，实施保水开采等一系列措施，减少煤炭开采对水资源的破坏，保证煤炭开采过程中水资源对生态环境的承载能力，随着相应技术的实施，水资源承载力可能会逐渐回升，从而增加对生态环境的供给。

上述分析表明，滑块(水资源承载力)的状态与煤炭开采作用、保水开采等均有关系，可将其分为两类：第一类为正向作用，包括保水开采、水资源循环利用等，以及矿区内自然赋存状态或者自我调节能力，这些因素对于滑块维持在阈值以上起到积极的作用，是保证矿区水资源承载力维持良好平衡状态的基础；第二类为反向作用，包括煤炭开采造成的水资源破坏、地质地貌等变化引起的水资源循环平衡关系变化、植被枯死等造成的生态环境破坏，这些因素是水资源承载力降低的最主要原因。

因此，应分析影响保水开采以及矿区水资源承载力的相关因素，研究影响因素所对应的影响特征，对其进行定性分析和定量计算，确定矿区水资源承载力阈值，从而确保在煤炭开采过程中最大限度地维持水资源对矿区生态系统等的承载力。

2.4 矿区水资源承载力的内涵和特点

笔者认为要认识某一现象或事物就要摸清其内涵和特点。首先，矿区水资源承载力与河流等区域性水资源承载力一样具有一定的有限性和动态性，有限性体现在矿区内的水资源总量是有限的，动态性指的是因开采的影响其具有上下浮动的特点；其次，研究矿区水资源承载力就要将所有可能的影响因素进行综合考虑，从而决定了其具有系统性，而系统内部的影响因素复杂多变、相互影响，也决定了其具有模糊复杂性；再次，维持矿区水资源对矿区生态环境的承载能力的主要手段是保水开采，那么不同的开采技术会使水资源承载力在时间和空间上产生变化，同时也直接导致生态环境变化有所差异，因此其还具有动态性和时空变化性；最后，研究矿区水资源承载力的目的是实现煤炭资源和水资源的可持续发展，同时促进两种资源的协调开发，因此其还具有可持续性内涵。

2.4.1 矿区水资源承载力的内涵

矿区水资源承载力发生变化主要是煤炭开采扰动所引起的，发生直观变化的是生态环境的改变，该变化产生的原因是影响因子的变化。从开采扰动对矿区水资源的影响特征及对生态环境承载能力影响特点来看，矿区水资源承载力内涵主要有以下四点：

① 时空内涵：主要包括空间和时间两方面的内涵。从空间角度讲主要表现在两方面：一方面，矿区水资源承载力的研究是针对一定的矿区进行的，也就是矿区水资源承载力应该具有一定的水资源系统空间，在不考虑外部调水的情况下，主要研究对矿区生态环境的承载能力；另一方面表现在区域的差别上，也就是即使在同一时期，在不同的矿区，由于开采条

件、技术水平等方面的差异，水资源变化也不同，矿区水资源所表现出来的承载能力亦是不同的。从时间角度讲，不同的开采时间、不同的开采时序，对水资源造成的影响不同，导致水资源变化程度也不同。

② 生态内涵：矿区生态环境是水资源的直接承载对象，因此生态环境状态可以直接衡量水资源承载力。矿区水资源承载力的生态内涵主要体现在矿区水资源系统所能承载的可维系矿区生态环境基本繁衍的生态极限，对于保水开采来说要将水资源保护控制在这一范围之内。也就是既要满足煤炭安全高产高效开采，又要满足区域生态系统需水的最低阈值。即矿区水资源承载力的最终表现为煤炭开采中水资源要满足"区域生态环境的可持续发展"。

③ 可持续内涵：维持矿区水资源承载力的目的是实现矿区煤炭资源和水资源的协调发展，前提条件是"采动影响下维持生态环境的良性循环"，对矿区生态环境的支持方式是"持续供养"[128]，这充分体现了矿区水资源承载力的可持续内涵，可总结为两方面：其一，煤炭资源的可持续性利用不是掠夺性的，也不是没有任何限制的，而是既要考虑保护后代人具有同等发展权利，又要考虑煤炭开采所引起的一系列负面影响；其二，表现为水资源承载力的增强是持续的，矿区水资源承载力在一定的开采技术保障下，通过合理的开采和保护，实现两种资源的协调发展，在人为因素控制下矿区水资源承载力会逐渐增强，对矿区生态系统的支撑能力也不断加强。

④ 区域性内涵：对于煤炭开采来说，水资源承载力还具有区域性内涵。不同矿区的地质条件不同，生态环境也不同，水资源数量和质量亦不同，这就决定水资源承载力也不同；同一煤田内的不同矿区因开采方法或者工作面布局不同，水资源承载力也会产生差别。

2.4.2 矿区水资源承载力的特点

矿区水资源承载力具有以下七个特点：

① 有限性。矿区水资源承载力的有限性是指某一具体矿区的水资源对生态环境的承载能力具有有界的特性，即存在可能的最大承载规模（阈值）。其有限性表现为受到水资源条件、煤炭开采条件以及自我恢复条件等方面的约束[10]。对于矿区来说，主要有三方面的含义：其一，矿区内所能利用的水资源量是有限的，尤其是对矿区生态环境的支撑能力是十分有限的；其二，矿区内对水资源的利用效率是有限的，这里主要指在煤炭开采过程中水资源对矿区生产和生活的供给能力是有限的；其三，水环境容量是有限的，包括对生态环境、生产和生活的支撑。

② 动态性。矿区水资源承载力动态性是指矿区内的水资源本身具有很强的动态性，会随着补径排的作用发生动态变化。矿区水资源承载力与具体的矿区有直接的联系，不同的矿区和不同的开采参数有不同的承载能力。矿区水资源承载力是一个动态的概念，这是由于处于煤矿开采区的水资源本身量和质都不断变化，量的动态性表现在矿区水资源承载力指标值的变化，而质的动态变化主要指不同矿区的指标体系的变化[127]。另外，不同程度的开采活动对矿区水资源的扰动是不一样的，采矿活动的扰动使得整个系统对水资源的需求也是不断变化的，因此动态性是它的一个根本特性。

③ 可恢复性。可恢复性是指矿区水资源承载力受采动影响有所下降，但在一定的技术和人为因素作用下会逐渐恢复。其主要包括两方面：其一是矿区水资源的自我调节能力，开

采后一定时间内在补给源、大气降水等自然因素作用下水资源承载力不断恢复至可承载阈值范围内；其二是人类所施加的作用力，选择合适的开采方法可以有效减少开采对含水层或者水资源的破坏，另外水资源遭到破坏第一时间内采取相应有效措施进行补救，如人工绿化、水资源调配等手段，可减轻水资源破坏程度，缩短水资源承载力恢复时间。

④ 系统性[12,42]。有三层含义：其一，矿区的水资源具有很强的系统性，降雨、蒸发、地下水循环等运动形式相互联系形成有机整体；其二，影响矿区水资源承载力的各个因素之间具有很强的等级结构，且因素之间存在复杂的联系；其三，矿区水资源的利用不仅关系煤炭开采相关的技术问题，而且包括矿区水资源与矿区内部生态环境等影响因素在内的复杂系统工程。

⑤ 复杂性。由于矿区水资源承载力所面对的是"生态—采矿—水资源"复杂大系统，系统内部的因素复杂多变、互相制约、互相促进，构成一个复杂动态系统，系统本身又存在很多不确定因素，由此决定矿区水资源承载力具有复杂性的特点。

⑥ 模糊性。矿区水资源承载力模糊性的特点体现在其研究处于起步阶段，各个影响因素之间的关系是模糊的，各因素对矿区水资源承载力的影响特征也是模糊的，同时在煤炭开采作用下矿区水资源承载力的变化规律也是模糊的，这些特点决定矿区水资源承载力具有模糊性。

⑦ 突变性。矿区水资源承载力的大小和状态受到众多因素的影响，各因素之间彼此制约联系，当系统内的某一个因素发生改变时，整个矿区的水资源承载力会发生变化，由一种状态向另一种状态变化或者跃迁，这就决定矿区水资源承载力具有很强的突变特征。

2.5 矿区水资源承载力概念界定

前已述及，对于水资源承载力的定义多种多样，尚未形成统一的认识，但均以可持续发展为宗旨。目前对矿区水资源承载力还有待深入研究，对其进行定义时要反映以下几个方面的内容：

① 矿区水资源承载力的研究要在可持续发展框架下进行，要保证矿区生态环境、水资源等在煤炭开采过程中实现可持续发展。从生态环境角度讲，就是要保证生态环境不会因煤炭开采遭到破坏或即使有一定程度的破坏仍会在短时间内得以恢复；从水资源角度讲，要实现在采动影响下水资源总量能满足生态需水量最低阈值；从煤炭开采角度讲，既要实现煤炭安全高效开采，又要兼顾其他共生资源协调开发。

② 水资源承载力约束下的煤炭开采与传统的开采方式有着本质上的区别。传统的煤炭开采将水作为一种灾害进行防治，很少考虑煤炭开采对水资源、生态系统的影响，而是考虑如何减少水对煤炭安全开采的影响，而水资源承载力作为一种限制因素应用于煤炭开采，与传统的对于矿区水资源的认识恰恰相反。

③ 研究矿区水资源承载力的目的是实现环境友好型煤炭开采，目标是以水资源承载力作为约束条件确定合理的产能。煤炭开采是一个动态变化过程，这就决定对矿区水资源承载力的研究也要进行综合考虑，既要研究采前的"静态"特点，也要分析采动干扰下的"动态"变化规律。

④ 实现煤炭开采中的水资源保护要有一定的技术和理论支撑，保水开采相关技术和理

论已日趋成熟，以保水开采作为矿区水资源承载力研究的技术依托，既可以保证水资源和生态环境得到保护，又可使保水开采理论更加完善。另外，区域性对矿区水资源承载力具有很大影响，这不仅与矿区水资源系统有关，还与保水开采技术的具体实施有很大关系。

基于以上分析，笔者认为矿区水资源承载力的定义首先要考虑的是煤炭开采过程中生态环境和水资源的可持续发展问题，应以可持续发展作为宗旨、以保护生态环境作为最终目的进行定义；其次，要考虑煤炭和水资源的协调、合理开发，不仅要考虑现有的承载力特点，还要分析“采动后”承载力变化特征进行定义；最后，要将保水开采技术作为技术保障，以可靠的评价体系作为标准进行定义。据此，从广义和狭义两方面对矿区水资源承载力进行定义。

广义上：在一定的开采技术水平下，以可持续发展为原则，矿区内的水资源既能维持区域内生态环境的良好发展，又不对其他系统（社会、经济、人口等）的水资源承载力造成损害，同时又能满足矿区内最大限度地安全高效采出煤炭资源的能力。

狭义上：在一定的开采技术条件下，矿区内的水资源在受煤炭开采扰动后，既能保证对生态环境的供养，维持生态环境的良性发展，又能支撑矿区合理开采规模的能力。

3　采动影响下矿区水资源承载力评价指标体系构建

我国西北地区的水资源是区域生态环境的支持和承载主体。在未受扰动状态下，水资源自我调节和循环处于一种动态平衡状态；而煤炭开采的扰动作用，打破了原有的平衡状态，致使矿区水资源对生态的支撑能力也发生变化。导致这种变化的原因是，煤炭资源的开发利用直接诱发水资源系统的改变，间接诱发生态系统的衰退，控制这种变化的因素是人为干扰。因此，对矿区水资源承载力进行科学评价是开采作用下水资源保护的前提。本章基于矿区水资源承载力内涵和特点，从矿区煤炭开采、生态环境保护等角度考虑，研究矿区水资源承载力评价问题；综合考虑影响矿区水资源承载力的主要因素，以水资源维系矿区生态系统稳定为基准，将地质系统、采矿系统、生态系统和水资源系统作为主要评价对象，选取矿区水资源承载力的主要影响指标，从而构建矿区水资源承载力评价指标体系。

3.1　评价指标选取的原则

构建评价体系的作用是评价矿区水资源对生态环境的承载状态，因此需要刻画出矿区水资源承载力所处的等级或者水平，表达出水资源承载力的大小；同时针对矿区内水资源的特性，体现开采后水资源承载力的变化规律。根据对矿区水资源承载力特征和内涵的分析结果，结合其定义，认为矿区水资源承载力评价指标的选取应遵循四个条件，分别为承载对象、承载条件、表现形式和研究范围。

(1) 从承载对象上来看，承载体是煤炭开采矿区的水资源系统，被承载体是矿区的生态环境。将生态环境作为矿区水资源承载力的被承载体来对待，主要体现了矿区周边以植被为主、开采扰动强的生态响应特点，客观反映了矿区水资源的支撑目的，突出了水资源保护是矿区水资源承载力基础的研究含义。从传统意义上讲，生态环境包括两个大的系统，分别为生态系统和环境系统，其涉及的内容包括人类和水等自然资源。矿区水资源承载力研究的内容，应指生态环境受采矿活动影响所需要的水资源状态，且与其他人类活动无关的水资源承载力状态。因此，矿区的生态系统是构建评价指标体系过程中必不可少的部分。

(2) 从承载条件来看，不同矿区、不同时间范围、不同开采参数等条件对矿区水资源承载力的影响程度是不同的。针对不同矿区来讲，将研究范围限定在矿区自身开采条件和生态状态范围内研究才有意义，所以对相应矿区水资源承载力评价的边界条件要以自身情况而定，地质条件、水文地质、开采技术为主要影响因素。煤炭开采对水资源的影响具有时间效应，不同时期矿区水资源对生态环境的承载能力不同，在短时间内可能会造成地下水位大幅度下降，随时间的推移地下水位可能会逐渐恢复；另外，不同时期内相同的开采方法对水资源承载力的影响也是不同的；再者，不同开采参数条件下，同一矿区内的水资源承载的生态环境状态是不同的，具有很强的动态特征，会随着补径排的作用发生动态变化；同时，矿区水资源承载力与具体的矿区有直接的联系，不同的矿区和不同的开采参数有不同的承载能力。由于处于煤矿开采区的水资源本身量和质都不断变化，矿区水资源承载力是一个动态的概念，量的动态性表现在矿区水资源承载力指标值的变化，而质的动态变化主要指不同矿区内的指标体系的变化。不同程度的开采活动对矿区水资源的扰动不一样，采矿的扰动使得整个系统对水资源的需求也是不断变化的。以上分析表明，矿区水资源承载力与所处地质环境、开采技术均有联系，同时又受到时间等因素的影响，所以，地质条件和开采所引起的水资源变化是研究矿区水资源承载力在采动影响下变化的重点。

(3) 从承载力的表现形式来看，主要有两方面的含义：① 矿区水资源的支撑对象是矿区内的生态环境。矿区生态系统的良性发展需要水资源的支持，同时还要依靠土地、植被等资源，涉及煤炭开采等诸多影响因素和条件。水资源是维持矿区生态系统良好发展的基础，制约着煤矿安全高效开采，其影响是重要的，多年的开采实践表明，保水开采是解决煤炭开采和水资源保护矛盾的有效途径，也是实现安全高效开采的核心。② 矿区水资源承载力是度量水资源支撑矿区可持续发展的量化指标，是对目前保水开采的补充和完善，是解释煤炭开采与生态环境保护关系的复杂多目标系统，所以水资源是该复杂系统的核心，既是研究的出发点也是落脚点。由上述分析可知，水资源对矿区生态系统的支撑能力是研究的目的，也就是说水资源系统的变化是评价体系的基础。

(4) 从研究范围来看，从煤炭开采作用下水资源变化的角度来研究开采后的水资源对矿区生态环境的承载能力，主要任务是研究水资源对生态环境的支撑能力与煤炭科学产能之间的联系，不包括如何进行人工修复和矿区绿化建设，但是需要分析如何采用相应的开采技术措施提升其承载能力或者使其承载能力控制在一个合理的范围之内。

综上所述，从矿区水资源承载力的承载对象、承载条件、表现形式和研究范围来看，生态系统良好发展是矿区水资源承载力评价指标体系的目标；地质条件和开采所引起的水资源变化是研究矿区水资源承载力的自然条件和基础条件；水资源系统的变化是评价体系的基础。因此，本书将地质系统、采矿系统、生态系统和水资源系统作为矿区水资源承载力评价指标进行研究。

3.2 矿区水资源承载力影响因子分析

3.2.1 地质系统对矿区水资源承载力的影响

(1) 煤水空间赋存关系

主要有两方面的内涵：一方面为煤层与含水层之间的距离；另一方面为煤层和含水层之间的岩性特征及组合关系。煤层与含水层之间的距离对水资源的影响主要体现在隔水层是否会在采动影响下发生破坏，失去隔水作用，从而导致含水层内的水资源向采空区流失。另外，煤层与含水层之间距离主要影响裂隙发育情况，裂隙未沟通含水层是实现水资源保护的关键。本书将采动影响下裂隙发育状态划分为裂隙导通含水层型（导通型：Ⅰ类）、裂隙不影响含水层型（不可导通型：Ⅱ类）和介于两者之间的中间型（导通后闭合型：Ⅲ类）三种类型（图 3-1）。若煤层与含水层之间的距离很小或采动裂隙发育高度远大于此距离，那么开采后含水层极易被破坏,甚至是永久性破坏,从而造成大量水资源流失,直接影响矿区水资源对生态环境的支撑能力;若煤层与含水层之间的距离大于采动裂隙发育高度,采动裂隙对隔水层不构成威胁,则可以实现保水开采,原有生态平衡不会遭到破坏;第三种情况介于以上两种情况之间,即煤层与含水层之间有一定距离,隔水层受采动裂隙的影响,但破坏不是永久的,含水层经过一定时间自修复后得到恢复,水资源仍能对生态系统提供最基本的支撑能力。

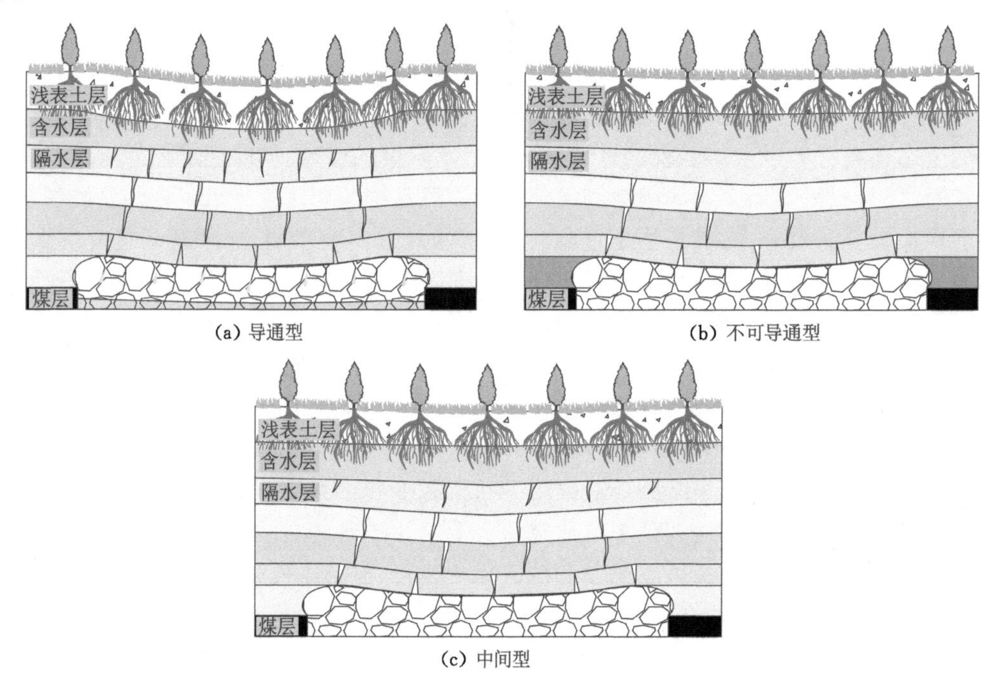

图 3-1　裂隙发育状态示意

煤层与含水层之间是否含有稳定的隔水层是煤炭开采过程中水资源保护的关键因素。如图 3-2 所示,如果煤层与含水层之间没有稳定的隔水层,那么含水层内的水资源较容易被破坏;如果两者之间存在稳定的隔水层,且隔水性能稳定,则对开采过程中水资源保护是有利的。另外,煤层上方是否有含水层或者含水层赋存面积对实现保水开采也有很大影响,如果煤层上方没有含水层或含水层只有部分出现在煤层上部,则对保水开采有利;若煤层上方存在稳定的含水层且含水层赋存面积较大,则保水开采具有一定的难度。王双明等[11]对陕北和神东等矿区的研究表明,该区域煤层上方隔水层厚度大于 33～35 倍采高时开采不会造成含水层的破坏,而当此比例为 18 时会对含水层造成损害,介于两者之间时采用限制采高等方法可实现保水开采。

将煤层与含水层之间岩性组合和含水层类型分为局部富水有(无)隔水层和大面积富水有(无)隔水层两种类型。含水层的含水特点与煤层开采后水资源保护之间有紧密的联系,摸清煤层上部含水层含水特点对实施保水开采和保水开采分区具有重要的意义。王双明等[11]根据煤层上方含水层特点,将神东矿区含水层特点划分成"孤立含水盆地型""无黏土隔水层含水盆地型""隔水层连续分布型""烧变岩型"四种煤-水组合关系,并对不同含水层特点下含水层水位的变化特点进行了分析。煤层和含水层之间的岩性特征及组合关系对保

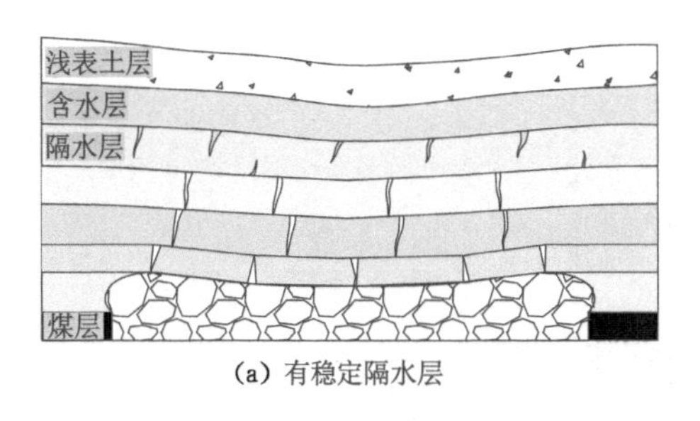

(a) 有稳定隔水层

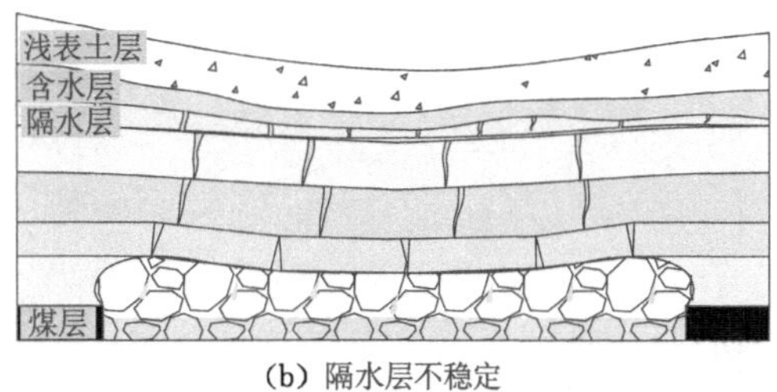

(b) 隔水层不稳定

图 3-2 有/无隔水层情况下含水层破坏特征示意

水开采有很大影响，即课题组提出的不同“阻-隔-基”组合情况对含水层的影响不一样，这决定了不同情况下是否能实现保水开采的自然因素，主要体现在隔水层的隔水性能以及自修复能力上。若煤层和含水层之间的基岩较厚且强度较大、隔水层有很好的“自愈”能力，那么隔水层即使受到采动破坏，在一定时间后仍能恢复隔水作用；若基岩较薄、隔水层岩性较脆或者自修复能力较差，此时难以实现“自愈”，则会对含水层造成永久性破坏，出现“渗流漏斗”，水资源大量流失，从而造成水资源难以支撑矿区生态系统正常运行。另外，如果煤层上方无稳定的含水层，则采矿活动对矿区水资源承载力产生的影响较小；如果煤层上方存在稳定的含水层，采动裂隙发育至含水层时将导致含水层水位的下降，最终引起地表生态环境的变化。也就是说，煤层上部含水层的赋存状态是采动影响下矿区水资源承载力的一个重要影响因素，如果煤层上部没有含水层，那么开采对水资源承载力的影响主要是浅表生态水；反之，含水层赋存面积较大，且采动对含水层的破坏较强，则采动影响下水资源承载力的变化也较大。煤层上方水资源赋存状态示意如图 3-3 所示。

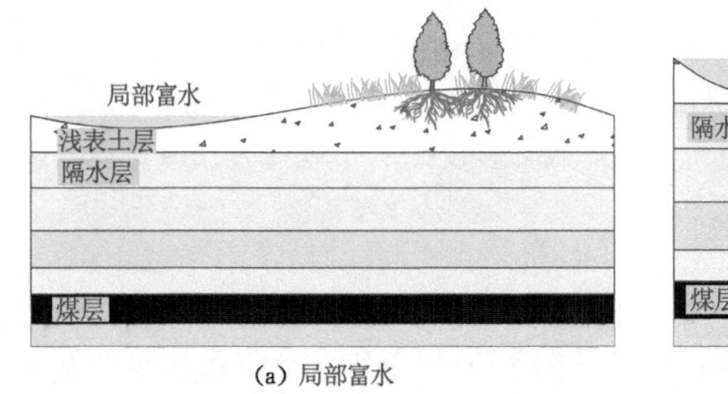

(a) 局部富水

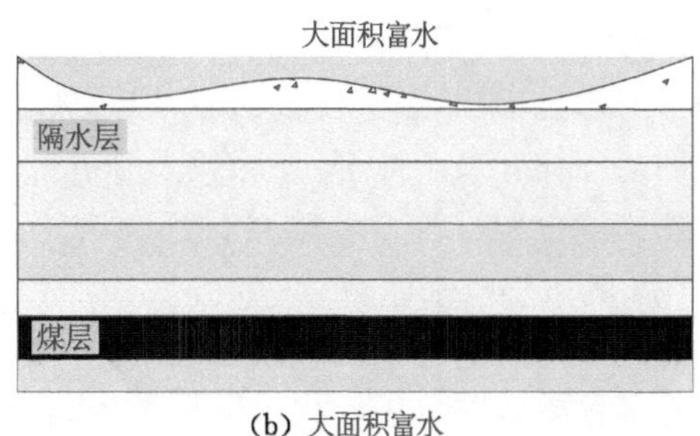

(b) 大面积富水

图 3-3 煤层上方水资源赋存状态示意

(2) 煤层埋深

煤层埋深对水资源承载力的影响主要体现在：一定埋深情况下煤炭采出后造成含水层的破坏，降低水资源对生态系统的供给能力，最终影响矿区水资源承载能力的大小。煤层埋深对覆岩移动特征、顶板垮落形态、地表沉陷程度等均产生影响，这些采动变化会造成采空区上覆岩层的渗透率发生变化，同时会改变表土层的含水率，影响矿区水资源的循环状态，对矿区水资源承载力具有较大的影响，所以煤层埋深是矿区水资源承载力状态的主要影响因子。不同煤层埋深与覆岩移动示意如图 3-4 所示。

一般地，煤层埋深不同其所受原岩应力大小也不同，煤层埋深对覆岩活动规律产生直接影响，也是影响导水裂隙发育高度的主控因素之一。对于埋藏较深的煤层来说，煤炭开采后

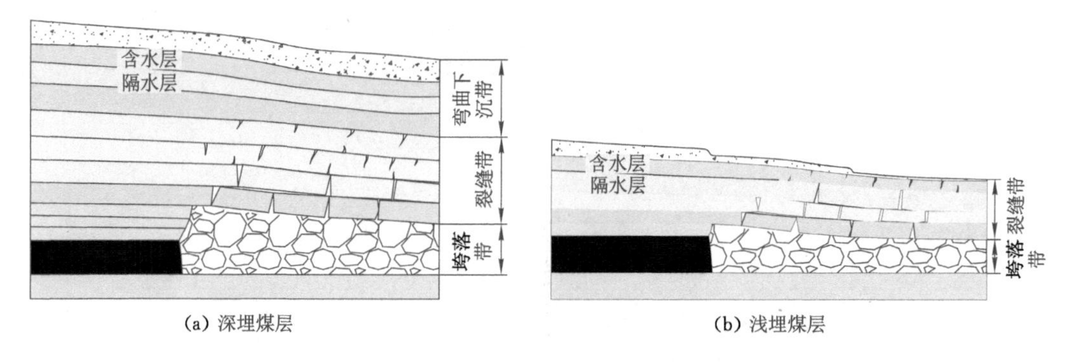

(a) 深埋煤层　　(b) 浅埋煤层

图 3-4　不同煤层埋深与覆岩移动示意

会产生垮落带、裂缝带和弯曲下沉带，若裂隙不沟通含水层就不会对水资源产生影响。另外，埋藏较深的煤层来压一般相对稳定，对裂隙发育高度的预测已经有较成熟的计算公式和测量方法，对于采动影响下含水层的保护已有较成熟的经验和理论。而对于浅埋煤层来讲，开采后弯曲下沉带缺失，裂隙可能直接沟通地表，并会在地表出现台阶式下沉，裂隙和地表下沉会直接造成含水层和地表水资源的破坏。因此，煤层埋深对于矿区水资源承载力来说是重要的影响因素之一，主要体现在开采过程中水资源的破坏程度和对地表生态环境的影响。

通过上述分析可知，不同埋深对矿区水资源承载力的影响体现在对含水层的破坏程度上。目前，我国西北矿区煤炭开采主要以浅埋煤层为主，同等开采条件下，其对含水层的破坏程度要大于深埋煤层，这主要是由于其埋深较浅，采动裂隙容易沟通含水层。煤层埋藏较浅时，采动裂隙极易发育至地表，导致地表出现台阶式下沉，影响地表浅表水以及生态的良性发展，造成水资源承载力下降。综上所述，埋深不同时煤炭开采过程中的覆岩活动规律以及垮落形态也不同，裂隙发育、含水层的破坏程度也不同，对矿区水资源及生态环境的影响也不同。同样开采条件下，埋深较大时对含水层的破坏程度要小于埋深较浅时，对水资源承载力的影响也相对较小。

(3) 隔水层隔水能力

隔水层隔水能力是矿区水资源承载力的“自然屏障”，关系保水开采是否成功，是矿区水资源在采动影响下对生态环境提供支持的自然保障。隔水层的隔水能力包括两方面：其一是自身的岩性特征；其二为人为采动因素。煤炭开采对地下水的影响首先要考虑隔水层的隔水能力，对于隔水层隔水性能的研究主要分析隔水层的厚度以及岩性。针对隔水层强度而言，岩性为松软柔韧性岩层，如黄土、红土等，采动破坏后的裂隙容易弥合，则隔水性较好；若岩性以坚硬脆性结构面较多的岩层为主，如隔水层为岩性较脆、胶结较弱的泥岩时，采动裂隙难以重新闭合，隔水性较差。隔水层的厚度也是影响其隔水能力的主要因素之一，隔水层越厚、受破坏的程度越低，其隔水能力越好。所以，隔水层的岩性和厚度是影响其隔水能力的自然因素，也是采动影响下矿区水资源承载力的主要影响因素。

采矿活动对隔水层隔水能力的影响主要体现在隔水层破坏后能否重新起到隔水作用。采动影响下导致隔水层失去隔水能力的主要是张开裂隙，开采过程中张开裂隙容易成为导水通道，造成含水层内水资源流失；部分拉伸裂隙也可能会随着工作面的推进，由于岩层的回转作用由受拉转为受压而重新闭合；也有部分裂隙会被强度较小、遇水膨胀的松软岩石所填充，实现“自愈”。另外，根据课题组多年的研究，工作面推进速度对隔水层裂隙发育、张开闭合程度等有很大影响，加快工作面推进速度在一定程度上有利于裂隙的闭合，对实现隔水层的“二次隔水能力”是有利的。

隔水层自身岩性和厚度以及采矿活动对隔水层隔水能力的影响是相互作用关系，各因素之间相互联系，影响着隔水层的隔水能力。煤矿开采过程对隔水层产生的影响视隔水层的岩性条件不同而变化；采动影响对隔水层的影响具有动态变化特征，随着工作面的推进时刻发生动态变化，这些变化与岩层受力状态、岩层本身物理力学性质等相关，体现在裂隙的张开与闭合上。导致隔水层失去隔水能力的主要是裂隙的张开，如果裂隙张开成为导水通道，造成水资源流失，则影响水资源承载力的状态。煤层开采后裂隙不断向上发展，假设裂隙发育至隔水层，岩层所受应力状态处于变化之中，裂隙的张开与闭合也随时发生变化。如图 3-5 所示，当工作面推进至 a 附近时，含水层下方岩层在拉伸应力的作用下产生裂隙 $F(a)$，并逐渐增大；工作面继续推进至 b 时，$F(a)$ 处裂隙由于裂隙前方岩层发生回转失稳，受力状态由拉应力转变为压应力，裂隙张开度逐渐减小或闭合，并出现裂隙 $F(b)$；工作面推进至 c 时，裂隙 $F(b)$ 闭合，出现裂隙 $F(c)$；工作面继续推进，出现 $F(d)$ 等新的裂隙，且旧裂隙不断闭合。

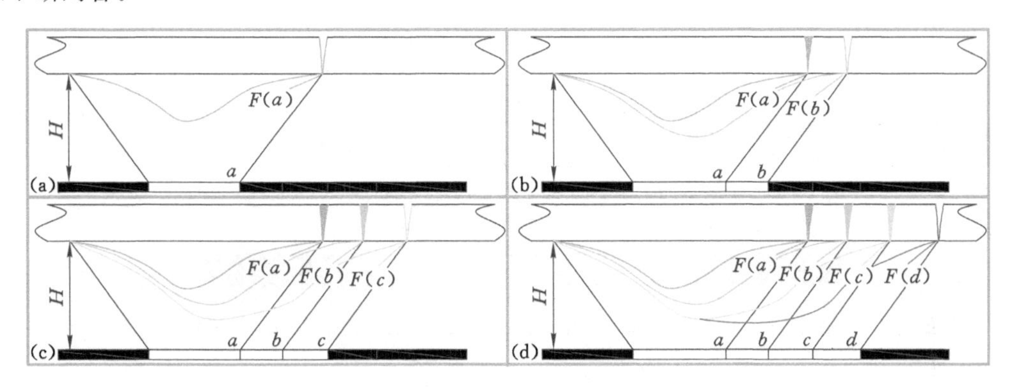

图 3-5 隔水关键层自愈过程示意图

3.2.2 采矿系统对矿区水资源承载力的影响

(1) 采动裂隙发育程度

裂隙发育高度及导水性对矿区水资源承载力起控制作用，体现在裂隙是否成为导水裂隙，这与覆岩性质、开采活动等有直接关系。采动裂隙对含水层的影响有以下三种情况(见图 3-6)：第一，采动裂隙发育对隔水层的稳定性不产生影响，那么采矿活动对水资源承载力不产生影响；第二，采动裂隙破坏隔水层的完整性，但在工作面推进过程中或经过一段时间后，裂隙闭合，失去导水作用；第三，采动裂隙对隔水层的破坏为不可恢复性破坏，成为沟通含水层与采空区的导水通道。以上三种情况与裂隙发育高度和导水性密不可分。

针对裂隙发育状态来说，首先要考虑覆岩在采动影响下的受力状态。根据形成方式，可将裂隙分为拉伸裂隙、挤压裂隙和剪切裂隙三种。煤层开采后，采场上覆岩层应力重新分布[200](见图 3-7)，根据应力性质分为三个区：

① 双向拉应力区，该区位于采空区上方直接顶岩层内，煤层采出后导致应力重新分布，

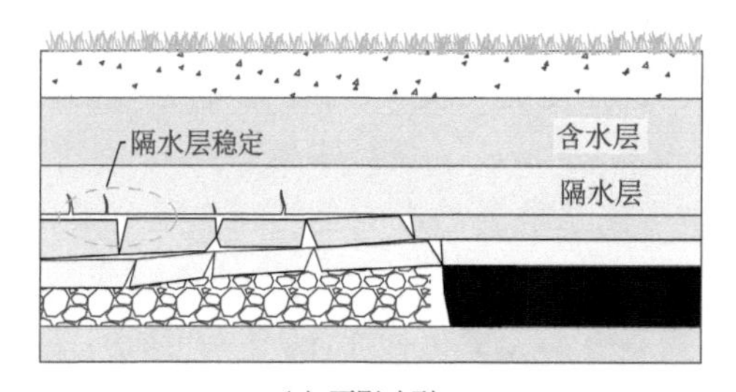

(a) 不影响型

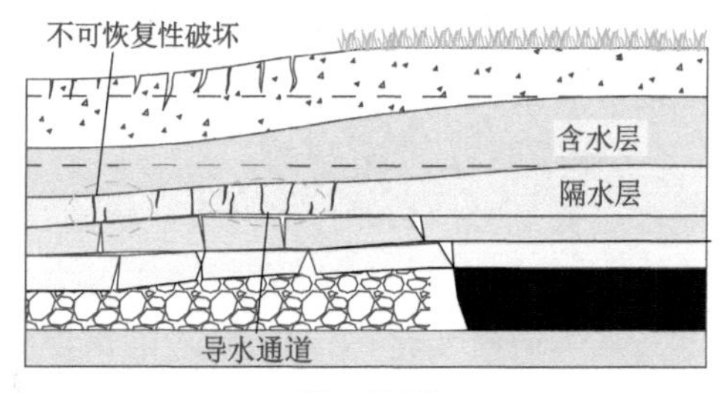

(b) 破坏型

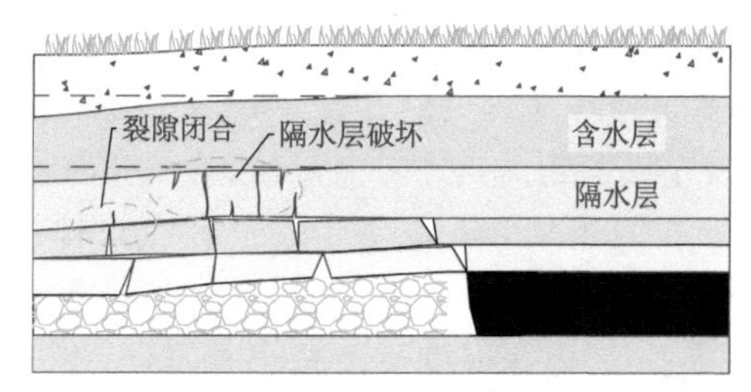

(c) 破坏后逐渐恢复型

图 3-6 裂隙发育与隔水层之间关系示意

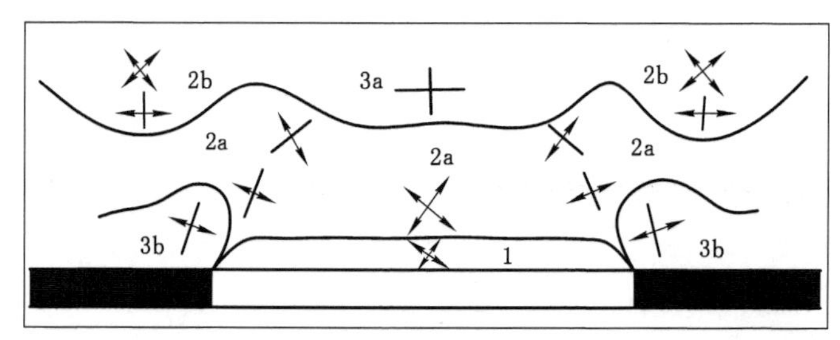

1—采空区上方拉应力区；2a—采空区上方拉压应力区；2b—顶部正曲率拉压应力区；
3a—顶部负曲率拉压应力区；3b—支承压力区。

图 3-7 采动影响下顶板应力分布示意

上覆岩层在自重作用下弯曲变形，产生拉伸裂隙，裂隙不易闭合，不断向上发展，威胁着隔水层的稳定性。

② 双向压应力区，位于采空区上方一定距离的岩层内、支承压力区以及未受采动影响的原岩应力区。随着工作面的推进，位于下部的垮落岩层受力状态由拉应力转为压应力，岩层被重新压实成为裂隙闭合区。随着工作面的推进，顶板内纵向破断裂隙向前发展，离层间隙也随采场推进发生变化，基本规律为首先扩张，然后被压实。

③ 拉、压应力区，主要分布在工作面前方顶板以及上方煤壁内，产生的原因是受到垂向压应力和水平拉应力作用。位于工作面上方的岩层，其移动有向采空区回转的趋势，因此主要受拉应力，当拉应力增加到抗拉强度极限时岩层发生破断。因此在拉、压应力的影响下，采场上方的顶板成为纵向的破断裂隙生成区。

工作面推进过程中，顶板受力状态发生动态变化，将顶板的破断模型归结为表 3-1 中的 3 种受力模式，并且 3 种形式在开采过程中不断发生交替变化。横向和纵向表现出明显的动态变化特征，具体如下。

表 3-1　工作面推进过程中顶板断裂受力模型示意

模型	简图	弯矩图	弯矩		剪力	
			M_{AB}^{F}	M_{BA}^{F}	F_{SAB}^{F}	F_{SBA}^{F}
1	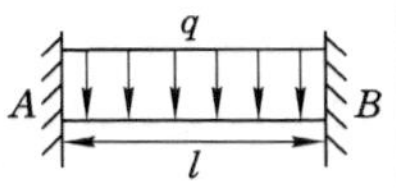	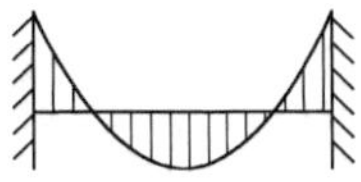	$-\frac{1}{12}ql^2$	$\frac{1}{12}ql^2$	$\frac{1}{2}ql$	$-\frac{1}{2}ql$
2	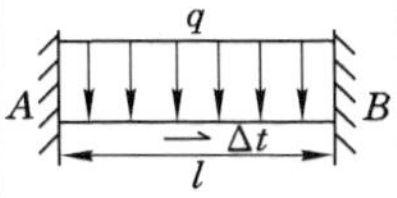	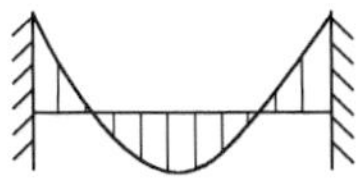	$\frac{EI\alpha\Delta t}{h}-\frac{1}{12}ql^2$	$\frac{1}{12}ql^2-\frac{EI\alpha\Delta t}{h}$	$\frac{1}{2}ql$	$-\frac{1}{2}ql$
3	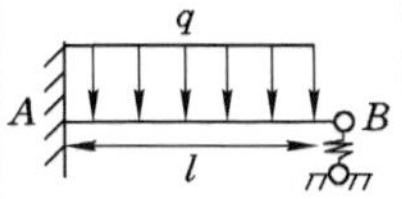	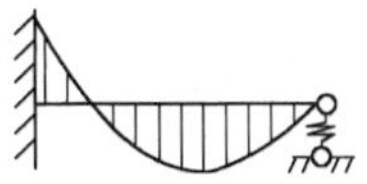	$-\frac{1}{8}ql^2$	0	$-\frac{5}{8}ql^2$	$\frac{3}{8}ql^2$

纵向上受力状态不断重复更迭(与采高和岩性特征直接相关):初次来压之前,采空区上方岩层受力状态简化为模型 1,随工作面的推进,梁的跨度越来越大,所受的力也越来越大,梁的两端及中间部位出现应力集中(拉应力为主),从而导致两端上部及中间下部首先起裂,主要为拉伸裂隙,同时,因上下两岩层物理力学性质不同,发生弯曲变形存在时间上的差异而出现离层裂隙(横向),基本顶垮落、充填采空区,与破断岩层相邻的上部岩层受到上覆岩层的压力和岩层因回转产生的剪应力作用(模型 2);垮落岩石堆积在采空区对未断裂顶板起到临时支撑作用之前,顶板为悬臂梁结构,梁的末端由于应力集中成为起裂点;当堆积的煤矸石对上覆岩层起到支撑作用时,形成模型 3,当达到抗拉极限时发生破断,不断垮落的顶板岩层对较早形成的裂隙产生压力作用,致使裂隙闭合。位于煤壁附近的煤岩体,在剪切力作用下,产生剪切裂隙,其发展方向基本为垂直方向。开采过程中此过程不断循环发展,直到裂隙发育至采动影响范围之外。

横向上裂隙表现出明显的分区特性:从采空区到煤壁依次为岩层冒落区、裂隙充分扩展区、原生裂隙扩展及新生裂隙发展区、原生裂隙区,如图 3-8[201]所示。

岩层冒落区的形成是由于煤层开采,上覆岩层裂隙充分发展,岩层破碎成彼此分开的岩块而成为散体。与岩层冒落区相邻的为裂隙充分扩展区,位于采空区边缘,受采动应力和超前支承压力的影响,煤层内部损伤,原生裂隙迅速扩展,张开量增加,次生裂隙不断增加。在超前支承压力峰值附近为原生裂隙扩展及新生裂隙发展区,在压力作用下,原生裂隙逐渐张开,煤岩体内部各种缺陷的边缘产生"Griffith"裂纹。较远处为原生裂隙区,位于超前支承压力以外区域,煤岩体未受采动影响,裂隙基本保持在原始状态。

无论是横向上还是纵向上,裂隙发育与岩层内受力状态直接相关,而覆岩内的应力分布区域特征与顶板岩层的强度和开采参数关系密切。另外,开采扰动强度决定了裂隙在纵向上的发育程度,对岩层内的受力状态也产生直接影响;采高对裂隙发育高度的影响目前已有成熟的计算公式。

(2) 开采参数

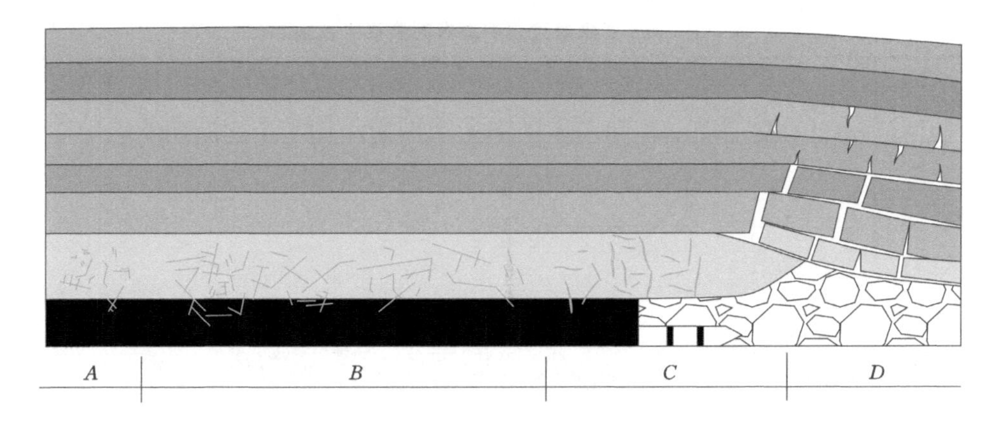

A—原生裂隙区；B—原生裂隙扩展及新生裂隙发展区；C—裂隙充分扩展区；D—岩层冒落区。

图 3-8 工作面裂隙横向分区示意图

开采参数包括采高、工作面宽度和工作面推进速度等，是煤炭开采过程中核心的影响因素，是矿区水资源承载力在采动影响下的人为可控因素。煤炭开采过程必然引起覆岩移动以及原岩应力的变化，不同采高所产生的覆岩“三带”变化、裂隙发育高度等均不同，同时对隔/含水层的破坏程度也不同。研究表明，地质条件一定时，开采参数不同，导致工作面上方岩层内应力分布特征、顶底板运动规律、采场结构等均不相同，因而采动裂隙发育高度也有很大差别，对水资源的影响程度亦不同。

一般情况下，采高越大，裂隙发育高度越高，且相同的采高在不同的岩性组合下裂隙发育高度也不同。许家林等的研究表明，当开采单一薄煤层、中厚煤层或者厚煤层第一分层时，裂隙呈线性发育。可以说，采高是矿区水资源发生变化的一个主要诱发因素，将采高定为对矿区水资源承载力采矿系统的扰动因素，采高是矿区水资源承载力与保水开采之间联系的纽带。

保水开采关注的其中一个核心点就是采动裂隙的发育情况。采动裂隙对岩层的破坏是煤层上部含水层破坏的主要原因，研究采高对裂隙发育的影响，可间接分析采高对含水层造成的破坏程度。表 3-2 和表 3-3 给出了不同埋深情况下裂隙发育高度的计算公式[202]。

表 3-2 深埋煤层裂隙发育高度计算公式 单位：m

岩性	公式 1	公式 2
坚硬	$H_{Li}=\dfrac{100\sum M}{1.2\sum M+2.0}\pm 8.9$	$H_{Li}=30\sqrt{\sum M}+10$
中硬	$H_{Li}=\dfrac{100\sum M}{1.6\sum M+3.6}\pm 5.6$	$H_{Li}=20\sqrt{\sum M}+10$
软弱	$H_{Li}=\dfrac{100\sum M}{3.1\sum M+5.0}\pm 4.0$	$H_{Li}=10\sqrt{\sum M}+5$
极软弱	$H_{Li}=\dfrac{100\sum M}{5.0\sum M+8.0}\pm 3.0$	

注：$\sum M$ 为累计采高。

表 3-3 浅埋煤层裂隙发育高度计算公式

岩性	公式
偏硬	$H_{\mathrm{Li}} = \dfrac{100\sum M}{1.6\sum M + 3.6} + 5.6$
中等	$H_{\mathrm{Li}} = \dfrac{100\sum M}{1.6\sum M + 3.6}$
偏软	$H_{\mathrm{Li}} = \dfrac{100\sum M}{1.6\sum M + 3.6} - 5.6$

注：$\sum M$ 为累计采高。

另外，刘玉德[203]通过理论分析和实测证明推进速度对含水层内水资源的保护有很大影响，实践表明加快推进速度有利于含水层内水位的恢复，是实现保水开采的一个有效途径。工作面宽度也会影响裂隙发育的程度，工作面宽度较小时，覆岩的破断基本上达不到极值，这相当于减轻了对岩层的破坏程度，从而降低了裂隙的发育高度；工作面推进距离越大，围岩受到破坏后所释放的能量越大，围岩发生运动的范围也越大，对含水层的影响亦越大。因此，开采参数是矿区水资源承载力状态的主要影响因子之一。

(3) 地表沉陷程度

地表沉陷程度与矿区内的生态环境密切相关，是一种人工地质现象。分析地表沉陷对矿区水资源的影响，计算矿区生态环境所允许的最大地表下沉量，评估地表沉陷对矿区水系统循环的影响，对分析保水开采与水资源承载力有重要的学术意义。目前，按照形态特征将沉陷分为三种类型(见图 3-9)：① 沉陷盆地，针对采空区上方地表而言，采动影响下产生的冒落向地表发育，最终在地表形成一个面积远大于采空区的沉陷区域，该区域称为沉陷盆地；② 裂缝和台阶，位于沉陷区边缘，岩层因性质不同下沉速度快慢不一，从而使得地表出现裂缝，且裂缝尺寸大小不一，当裂缝发育到一定程度时，会出现落差现象，此时由裂缝发育成堑沟或台阶；③ 沉陷坑，主要产生在急倾斜煤层(倾角大于 50°)条件下，采动影响使地表沉陷区被压缩，沉陷区范围小、沉陷深度大。

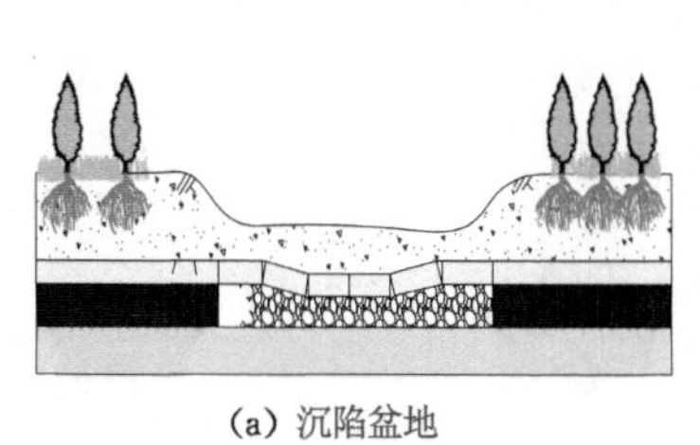
(a) 沉陷盆地

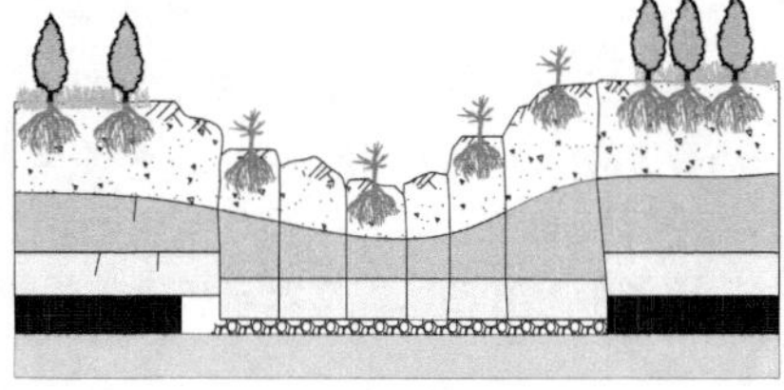
(b) 裂缝和台阶

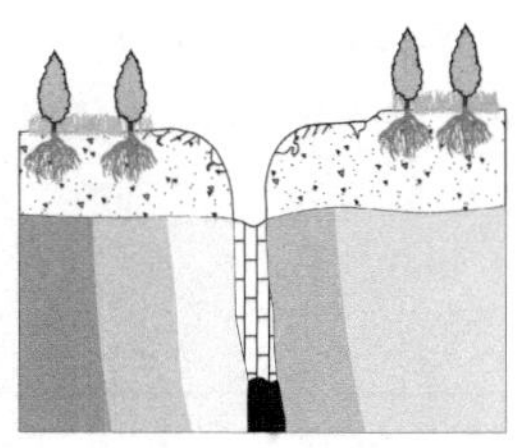
(c) 沉陷坑

图 3-9 地表沉陷形态示意

地表沉陷程度对矿区水资源和生态环境的影响主要有以下几点：① 对矿区生物多样性的影响，煤炭开采引起的地表沉陷会引起地势的抬高和降低，造成地表径流不畅，容易出现沼泽化和盐渍化，造成生物栖息地的变化，导致一些生物不适应环境的变化而死亡或迁移；另外，地表沉陷会导致矿区内土壤养分的空间格局发生变化，造成土壤养分流失，导致植被死亡等。② 造成地质地貌的改变，煤炭采出后，造成顶板及其上覆岩层的移动，影响岩层的稳定性，容易诱发滑坡等次生灾害。与此同时，当矿区内表土层不厚时，会导致基岩裸露而遭受风化和剥蚀等影响。③ 对水资源的影响，沉陷区可能成为地表水与地下水新的补给区域，从而改变原有水资源水力联系，这样不但会改变水系统的径流条件，还会造成水质的改变，造成水资源总量的改变以及水资源污染等问题；此外，沉陷区可能会成为植被恢复的隔离带，影响植被的恢复。

对于矿区水资源承载力来说，地表沉陷最大的影响就是会改变水资源的原有径流平衡，而地表沉陷程度是影响径流平衡的最主要因素。我国西北矿区生态脆弱，抗干扰能力较差，植被对水资源的依赖程度较高，植被种类也较单一，开采造成的沉陷对矿区的水资源和生态环境的影响较其他矿区更为明显。研究表明[204]，沉陷盆地或地表裂缝对水资源和表生生态的影响最为严重，所以地表沉陷是影响矿区内生态环境的重要因素，是矿区水资源承载力的主要影响因素之一。

3.2.3 生态系统对矿区水资源承载力的影响

(1) 地下水位时空变化情况

作为衡量地下水的一个重要指标，地下水位与植被生存密切相关，直接影响植物的生长和衰败，控制着区域内植物群落的演变与组成，影响矿区生态系统的构成、发展和稳定，是矿区水资源承载力评价的关键生态因子。水作为干旱半干旱矿区最主要的生态环境影响因素，不仅是矿区生态系统发展和稳定的基础，而且决定着矿区破坏后修复过程与荒漠化过程这两类极具对立与冲突性的生态环境演化过程[205]。

我国西北地区属于干旱半干旱地区，区域内气候干燥、蒸发强烈、降水量少、地表水资源极其匮乏，维持生态环境发展主要依靠地下水资源。该地区的水位埋深与地表生态环境的好坏有直接关系，地下水位埋深对矿区的土壤含水量、含盐量、潜水矿化度等均有很大影响。水位埋深对地表植物的影响存在一个临界范围，过浅的地下水位会引起土壤盐渍化，而地下水位埋深较大时，植被根须无法吸收水分而造成植被枯萎现象。大量研究结果表明：干旱半干旱地区，植被是生态环境优劣的最直接参照物，地下水位对地表植被蒸腾作用十分敏感，地下水是植被根系吸水的主要来源；地下水位对植被的影响具有很强的阈值性，不同水位埋深情况下植被的种类和生长状态也不同[206]。据研究，西北生态脆弱地区地表植被对地下水位埋深适应范围在 3～8 m 之间，不同埋深情况下植被生长状态如表 3-4 所示。

表 3-4　干旱半干旱地区水位埋深与植被生长状态关系[39]

水位埋深/m	地下水位埋深名称	植被生长状态
<3	盐渍化水位埋深	植被生长旺盛，草本植物盖度达 30%～85%
3～5	适宜生态水位埋深	灌木、乔木生长优良，草本植物种类减少
4～6	乔灌木承受地下水位埋深	灌木、乔木生长正常，草本植物很少出现
6～8	生态胁迫水位埋深	灌木、乔木生长不良，大多数草本植物死亡
>8	荒漠化水位埋深	灌木、乔木衰败，大部分枯枝枯梢

地下水位与植被的生长状态有直接的关系，不同植被的根系埋深不同，对地下水位埋深

的敏感度也不同。如果地下水位埋深低于根系所需水位埋深，植被得不到良好的水资源供养，植被就会逐渐失水枯死，所以为了防止植物死亡以及土地荒漠化，维持矿区内适度的地下水位是关键。煤炭开采对地下水位的影响非常复杂，煤炭采出后形成地下空间，导致上覆岩层发生变形、移动，产生导水裂隙，从而致使含水层水位下降；随着工作面的推进，裂隙可能会发生张开与闭合的交替变化，这也会导致地下水位的变化，一般会出现先下降后回升的变化规律，也可能会在开采处形成地下水位下降漏斗。不论是何种变化，都与采动裂隙的发育高度和导水性紧密相关，同时受煤层赋存条件和开采参数的影响。煤炭开采引起地下水位下降将直接导致矿区生态系统的变化，影响矿区的生态环境的良性发展，特别是对地下水依赖较高的干旱半干旱矿区的地表植被等生态因子。水位变化不但影响地表生态的长势，还会影响水资源系统的循环平衡状态，使正常的"三水循环平衡"被打破。因此，水位变化情况是矿区水资源承载力的核心内容，是联系采矿系统和生态系统的关键因子。

(2) 植被覆盖率

生态系统中，水资源循环制约着植被的生态过程，而植被的生态过程反馈着水资源的循环过程，这一关系形成了生态系统中的水资源和植被之间相互制约、相互协调、彼此补充的影响机制[207]。植被覆盖率是反映植物群落覆盖程度的一个重要指标，也是综合体现矿区生态环境状态的关键因子，间接反映了水资源对植被的支撑能力。植被覆盖率客观反映了区域生态环境的优劣，是连接大气、水体和土壤的纽带，常作为生态建设和经济发展的一个重要指标，是区域水资源承载力的直观表现。

区域水资源的变化影响植被的蒸发量、截流量和蒸腾量，直接受大气降水、地表水和地下水的影响；反之，植被对水资源的吸收、蒸腾等作用也会影响水资源的循环作用。同时，植被覆盖率的变化会影响区域生态系统的服务功能，对生物多样性、气候变化、水资源变化等均有调节作用。植被的生长状态在水资源循环中具有很重要的作用：首先，植被可以作为水资源循环中的涵养水源，具有贮水作用，同时，植被的根系又是地下的微型水库，汇聚大量的水资源；其次，植被具有保持水土的作用，以及阻留大气降水直接进入地表的作用，植被可减小降水后形成地表径流的趋势，减缓径流对土壤的冲蚀作用，另外截留下的水资源入渗到地下，补充地下水资源。植被覆盖率与水资源、生态环境之间关系示意如图 3-10 所示。

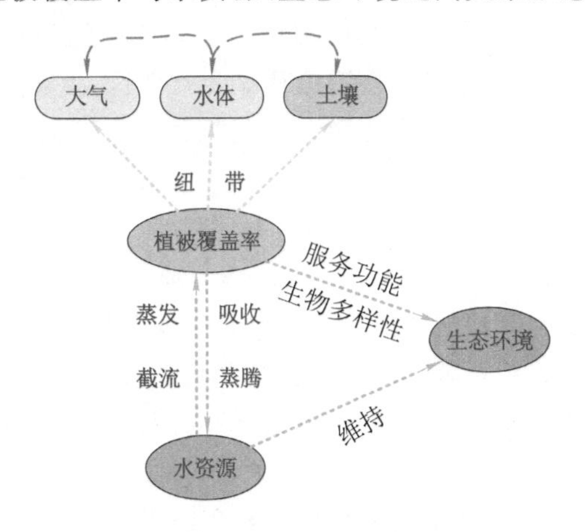

图 3-10　植被覆盖率与水资源、生态环境之间关系示意

大气降水、地表径流和地下水三种水资源是矿区水资源的天然储藏库,“三水”的自然循环平衡控制着植被的生长状态和植被种类。煤炭开采对矿区生态环境的影响主要有地表沉陷、土质下降、水资源减少和污染、植被破坏等,这些直接或间接地改变矿区生物生长繁衍的环境,改变原有的适宜生存空间,另外植被的退化引起地表裸露,加剧生态环境退化的速度[208]。所以,植被的生存状态和矿区生态环境优劣之间具有双向制衡关系。大量研究表明,植被覆盖率对于区域内的生物圈、大气圈、水圈之间的物质转化和能量转移过程具有重要作用,是重要的气候、生态水文影响因子[209]。因此,矿区内植被覆盖率是分析矿区生态环境变化趋势的重要指标,对于评价矿区水资源承载力具有重要的意义。

近年来,随着我国能源战略的西移,西北矿区生态环境的保护问题越来越受到重视。由于我国西北矿区处在干旱半干旱地区,其生态脆弱、水资源缺少等问题日渐凸显,煤炭资源的大规模开采与水资源承载力之间的矛盾也较其他区域突出。煤炭开采造成的水资源破坏具有时序性,首先会造成地下岩层的破坏,影响地下水资源,然后是地表水资源,进而影响大气降水。水资源的循环被打乱,直接影响区域内生态系统、土壤质量、地下水位、植被生存状态等。植被覆盖率可以间接反映水资源对区域生态环境的支撑能力,研究表明不同的植被覆盖率对应不同的水资源状态。对于矿区开采后植被覆盖率与水资源之间的关系,国内外部分学者进行了相关的研究。研究表明,植被覆盖率与水资源承载力之间存在一定的联系,当植被覆盖率小于15%时,水资源对生态的承载能力接近崩溃边缘;当植物覆盖率大于60%时,区域水资源充沛,能对区域生态环境起到很好的承载作用[187,210-213],见表3-5。

表 3-5　植被覆盖率与水资源承载力之间关系

植被覆盖率	<15%	15%～60%	>60%
水资源承载力状态	崩溃边缘	状态良好	状态充沛

(3) 生态需水量

水资源既是国民经济发展的命脉,又是维持全球生态平衡的关键因素。矿区水资源破坏后导致植被退化,河流断流,土地荒漠,水土流失加剧,生态环境日趋恶化,这一现象与煤炭开采支持国民经济发展的最终目的背道而驰,生态环境恶化将直接威胁人类的生存。所以,维持良好的生态环境需要良好的水资源循环作为支持,而生态系统的发展需要消耗一定的水量,生态需水量间接反映了区域水资源的承载能力。生态需水量与水资源承载力之间相互依存、缺一不可,水资源是生态需水的基础,生态需水是水资源的被承载对象,也是反映水资源承载力的重要指标之一,所以在研究矿区水资源承载力过程中必须考虑生态需水这一关键因素。

我国西北矿区生态极其脆弱,水资源匮乏,煤炭开发利用会消耗大量的水资源,使水资源短缺状态更加严峻。干旱半干旱矿区的水资源总量是有限的,面对煤炭开采对水资源的破坏问题,就要充分考虑生态需水量和水资源承载力之间的联系,除了要满足生态良性发展的需要外,还要保证煤炭开发的需求。因此,正确评估生态需水量是矿区水资源承载力评价的基础,尤其是煤炭开采水资源系统发生变化后对生态需水量的影响关乎整个矿区水资源承载力的状态。矿区内的生态系统多以植被为主,植被对水资源的需求主要依赖根系吸收土壤内的水资源,土壤内的水资源在一定程度上决定植被的生长状态,因此有很多学者研究了土壤含水率对植被生长状态的影响。煤炭开采会引起岩层垮落、地表沉陷等地质地貌的改变，导致土壤含水率的变化，进而改变植被的生长状态。对矿区整体生态系统而言，其生态需水量必然存在一个合理的临界值，能够维持生态系统的正常发展，当该值低于此标准时，会导致区域生态系统整体被破坏或退化。目前计算生态需水量的方法多种多样，考虑矿区实际情况和采动影响[214-216]，笔者在潜水蒸发法的基础上，结合煤炭开采后土壤含水率的变化，对原有生态需水量计算公式进行修正，得到适合采动影响下的矿区生态需水量计算公式[式(2-4)]。

土壤含水量的变化会对植被的生长状态产生较大的影响。研究表明，生态用水对土壤含水量的补给产生影响，而土壤内的含水量制约着植被的生长状态，当土壤含水量减小或增加较大时，会造成土壤干枯和盐渍化，从而导致植被的直接枯死，而小范围的变化对植被的生长状态影响较小。煤炭开采后，土壤含水率的变化较复杂，一般地，位于开切眼和停采线附近的区域，采动裂隙难以闭合，蒸发量和入渗速度增加，含水率均会减小；位于采空区上方的含水层和地表水资源的变化更为复杂，地下水位会出现先下降后上升的趋势，而沉陷区可能会成为塌陷坑，成为临时的“蓄水池”，其对生态环境的影响要根据具体情况进行确定。

3.2.4　水资源系统对矿区水资源承载力的影响

水是干旱半干旱地区生态环境系统的驱动力和非生物限制因子[217-218]，水资源短缺也是限制生态环境发展的关键因子。从水循环和赋存状态角度讲，自然界的水资源主要有大气降水、地表水和地下水三种形式。自然界的水资源并非无限的，特别是干旱半干旱地区，有限的水资源已经成为限制可持续发展的桎梏，也是生态环境发展的制约因素[216]。另外，生态系统对水资源不仅有数量的需求还有质量的要求，水资源受到污染后将大大降低其对生态环境的支持和供养能力。水资源总量和质量两者互为依存，缺一不可，是水资源的两个固有方面，因此在评价时要同时分析水质和水量对矿区水资源承载力的综合影响。水资源总量包括地表水资源量和地下水资源量；水资源质量是指水体中所含的成分，包括物理、化学和生物成分以及各成分的特征和性质。水资源数量和质量对区域生态环境的演化起到控制作用，是影响水资源承载力的基本因子。

开采作用一旦造成含水层破坏，首先引起的是支撑矿区内生态环境良好发展的那部分水资源（或者叫生态水）总量的减少，致使水资源对植被的供给不足，植被的成活率降低，甚至会改变区域内水系统的循环状态。另外，煤炭开采过程中所排出的水也是影响矿区水资源对生态环境支撑能力的一个主要因素，直接影响水资源对生态系统的有效支撑作用，主要体现在其对矿区水资源系统质量的影响，如可能会造成酸雨、地表水和地下水污染等，这将会对矿区植被生长、成活等造成影响。所以，矿区内水资源质量和数量是影响水资源承载力的重要指标。

西北矿区干旱缺水，导致矿区内生态系统规模小、稳定性低，而该区域内的植物生长发育主要依赖地下水和地表水的供给。区域内年降水量少，导致地表水对植被的支撑作用甚微，所以地下水是维系矿区内植物生长的支柱水源。煤炭开采首先要影响的就是地下水，严重时会导致地下水大量漏失，进而影响矿区内地表水的蒸发、循环状态，致使区域内水资源对生态的支撑能力严重不足。地下水与植被生存密切相关，如果地下水位因煤炭开采降到植被所需最低水位，将直接引起地表植物覆盖率降低等问题。因此，研究矿区水资源总量对生态环境的支撑能力要考虑两方面：其一是地表水的水资源总量，其二是地下水的水资源总量，两者对生态环境的支撑能力构成水资源承载力的基本要素。

煤矿开采对水资源的污染也影响水资源对生态环境的承载能力，水质最直接影响的是植被生存状态，水资源的污染状态是水资源承载力的主要影响因素。矿井废水排放是引起矿区水资源污染的主要因素之一，据不完全统计，全国煤矿吨煤排水量约为 2～4 m^3[217]，这是矿区水质被污染的主要原因，一旦矿区内的水质遭到破坏，将严重影响生态环境的良性发展，导致水资源失去对植被等生态因子的承载作用。根据《地表水环境质量标准》(GB 3838—2002)，水资源的不同污染程度对植被的影响呈现不同的状态，其计算方法见式(3-1)和式(3-2)。针对水质的评价，目前已有成熟的判别指标，具体如表 3-6 所示。

$$P_z = \frac{1}{n}\sum_{i=1}^{n} P_i \tag{3-1}$$

$$P_i = C_i / S_i \tag{3-2}$$

式中 P_i——综合污染指数；

P_z——i 污染物的污染指数；

n——污染物种类；

C_i——i 污染物实测浓度平均值，mg/L 或个/L；

S_i——i 污染物评价标准值，mg/L 或个/L。

表 3-6　水质综合污染指数分级

指数范围	≥2.0	1.01～2.0	0.71～1.0	0.41～0.7	0.21～0.4	≤0.2
水质状况	严重污染	重度污染	中度污染	轻度污染	较好	好
分级依据	相当部分检出值超标数倍或几十倍	相当部分检出值超标	有两项检出值超标	个别项目检出且超标	检出值在标准内，个别项目接近标准或超标	多数项目未检出，个别项目检出但在标准内

煤炭开采引起水资源的变化表现在地下水位的下降，同时会引起地下水质发生变化，导致地下水受到污染，污染了的地下水会对矿区生态环境产生极大的负效应，会造成土壤板结、植被枯死等，导致水资源对生态环境的支撑能力在煤炭开采后出现亏缺。因此，煤炭开采后水资源的质量也是矿区水资源承载力的重要因素。

3.3　水资源承载力评价方法比选

矿区水资源承载力的研究目的是评价煤炭开采过程中水资源对生态环境的承载能力，并以此为条件进行开采规模决策，所以选择合理的评价和计算方法是重要的基础环节。水资源承载力的研究可以采用多种方法，如系统动力学法、区域水资源代谢法、信息扩散理论、基于 GIS 理论评价法、生态足迹法、指标体系法、模糊综合分析法、突变理论法等。目前应用较多的为系统动力学法、指标体系法、突变理论法、模糊综合分析法等。

(1) 系统动力学法

系统动力学分析建立在对系统宏观认识的基础上，以计算机建立 DYNAMO 仿真模型进行模拟，将系统分析和综合推理相结合。该方法主要特点是建立评价模型后通过一阶微分方程组来反映模块变量之间的因果反馈关系，因此利用该方法的前提是需要明确各个影响因素之间复杂的内在联系，从而使评价结果具有可信度。该方法具有模型构造简单、计算速度快等优点，但是受非线性方程的制约较大，微小的参数变动可导致结果发生巨大的偏差。系统动力学法在分析过程中可同时模拟不同方案，并根据不同的模拟结果预测决策变量的变化特征，并将这些决策变量作为最终水资源承载力评价体系的指标进行研究。典型的计算模型是全球经济评价模型，最早应用该方法的是全球人口、粮食分析等领域。对矿区水资源承载力进行评价时，需要首先明确各因素之间的反馈联系，各个指标之间的因果关系。

(2) 指标体系法

指标体系法是目前应用较广的一种量化方法，包括向量模法、主成分分析法等，其原理是根据所研究对象的某个特征或属性，将其分解成具体的行为化或可操作性的结构。该方法为在水资源承载力与影响因素之间建立模糊评价模型，建立评价函数及权重，对水资源承载力进行量化分析。其中向量模法的向量是指水资源承载力的 n 个指标，对选取的 m 个方案进行评价，所以相应地有 m 个承载状态或能力。在评价过程中需要对 n 个指标进行归一化处理，归一化的向量的模就是区域水资源承载力的状态。指标体系法计算水资源承载力存在一定的局限性，主要体现在系统内的因子局限在小型的系统内，权重的赋值具有主观性，不同区域的影响因子的影响大小不尽相同。目前发展较成熟且应用较广泛的指标体系法有 P-S-P、P-S-I-R 等模型，针对矿区水资源承载力来说，影响因素之间的影响状态尚不十分清楚，在大量分析矿区水资源承载力的基础上可对其进行可靠性评价。

(3) 突变理论法

突变理论由法国数学家 R. Thom 所创立，是一门研究突变现象的新兴数学学科，研究基础为微积分、奇点理论、拓扑学及结构稳定性等基本数学理论。突变理论可以分析某一系统或过程从一种稳定状态跃进到另一种稳定状态的变化过程。常将系统内的势函数作为临界点分类的依据，探究不同临界点附近状态的变化特征，突变理论模型可以直接处理不连续性的内在机制，这一特征使得该方法适用于研究内部作用尚未知的系统。目前主要有尖点突变、燕尾突变及蝴蝶突变三类模型，见表 3-7。

表 3-7 不同突变模型的势函数、分歧方程及示意图

类型	示意图	势函数 $f(x)$	分歧方程
尖点突变	X a b	$\frac{1}{4}x^4+\frac{1}{2}ax^2+bx$	$a=-6x^2, b=8x^3$
燕尾突变	X a b c	$\frac{1}{5}x^5+\frac{1}{4}x^4+\frac{1}{2}ax^2+bx$	$a=-6x^2, b=8x^3, c=-3x^4$
蝴蝶突变	X a b c d	$\frac{1}{6}x^6+\frac{1}{5}x^5+\frac{1}{4}x^4+\frac{1}{2}ax^2+bx$	$a=-10x^2, b=20x^3, c=-15x^4, d=4x^5$

突变理论研究的是系统处于稳定状态还是处于不稳定状态，或者是在条件发生变化后由一种状态向另一种状态变化，也就是势函数极小值问题，这便是突变理论的核心思想。

(4) 模糊综合分析法

模糊综合分析法基于模糊数学相关理论进行分析，将水资源承载力和水环境容量视为一个系统进行模糊综合评价，将评价因素和评价值设置为两个不同的论域，根据隶属度和模糊函数对整个系统进行评价。该方法可以配合其他方法进行综合分析，在一定程度上存在人为因素的干扰，目前发展起来的熵权法、事故树法等在一定程度上避免了这一缺陷，可有效解决模糊复杂系统的评价问题。对于水资源承载力来说，可采用模糊评价方法中的层次分析法(AHP)进行分析，根据水资源承载力特点和AHP原则，将水资源承载力的相关影响因素分成目标、准则、子准则三个层次。在此基础上对水资源承载力进行定性和定量分析，利用所知的定量信息，将水资源承载力数字化，进行量化分析。

将矿区水资源承载力的评价因素整理成为论域 U：

$$U = \{u_1, u_2, \cdots, u_n\} \tag{3-3}$$

以"水资源承载力高低"为评价论域 V，V 是一个模糊子集，承载力大小 B 是 U 属于 V 的隶属度，将 V 的论域定义为：

$$V = \{\text{Ⅰ}, \text{Ⅱ}, \text{Ⅲ}, \cdots\} \tag{3-4}$$

承载力大小 B 值计算方法为：

$$B = \sum_{i=1}^{n} w_i u_i(u_i) \tag{3-5}$$

式中，$u_i(u_i)$ 为第 i 个影响因素属于 V 的单因素隶属度；w_i 为第 i 个影响因素的权重。

根据上述分析结果，结合矿区水资源承载力的内涵和特点，矿区水资源承载力的影响因素存在模糊性、复杂性等，这与模糊数学能解决多因素、多层次、模糊性问题的特点相符合。因此，本书采用模糊综合分析法对矿区水资源承载力进行评价是合理的。

3.4 采动影响下矿区水资源承载力评价指标体系及标准

3.4.1 矿区水资源承载力评价指标体系

根据上述分析结果，依据模糊综合分析法原则，构建矿区水资源承载力评价指标体系。根据前文所述的评价指标选取原则，选取地质系统、采矿系统、生态系统和水资源系统作为准则层；依据矿区水资源承载力影响因子研究结果，结合前人研究成果及采矿对生态环境影响特征实际情况，分析确定矿区水资源承载力的各个影响因素。参照国内外水资源承载力研究分析成果，结合采矿引起的系列变化特征，针对煤矿区水资源承载力在采动影响下特点，本书选取11个影响因素作为基本评价指标(子准则层)，形成如图3-11所示的评价结构图。

评价模型共分为三层，目标层为矿区水资源承载力，是整个模型的最终目的和核心；准则层有4个因素，分别为地质系统、采矿系统、生态系统和水资源系统，是影响矿区水资源承载力的直接因素；子准则层共有11个因素，分别对准则层产生影响，也是影响矿区水资源承载力的具体因素，其变化会直接影响准则层对矿区水资源承载力的影响特征。其中地质系

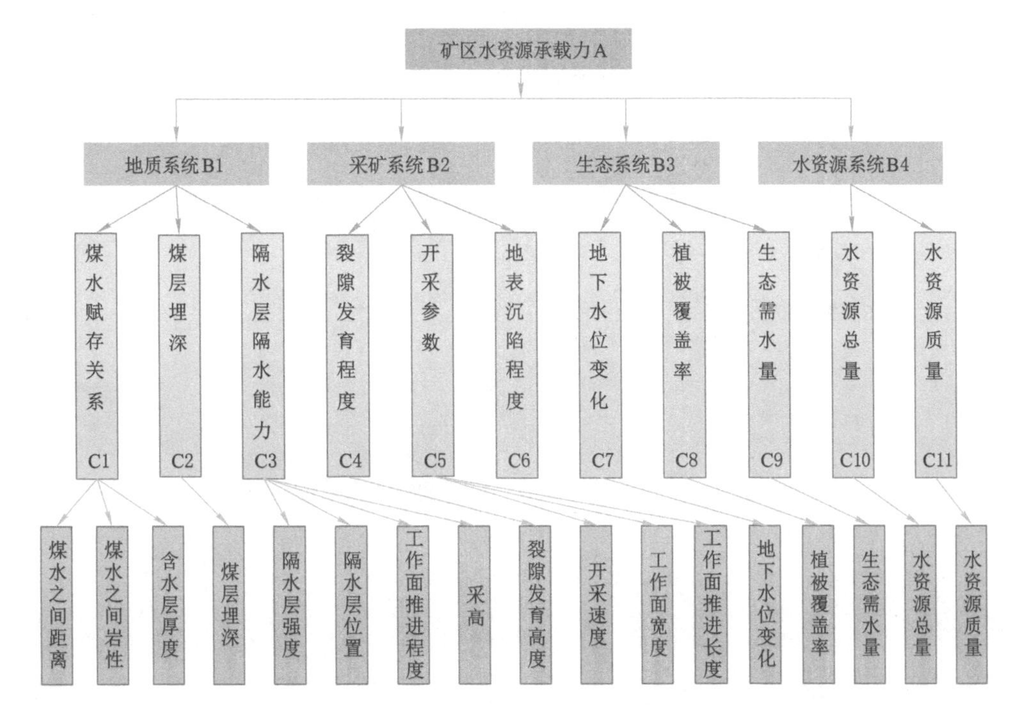

图 3-11　矿区水资源承载力评价因素结构

统包含3个指标，分别为煤水赋存关系、煤层埋深和隔水层隔水能力，三者为影响矿区水资源承载力的地质因素，是煤炭开采前对水资源承载力影响的基础。煤水赋存关系包含三方面的内容，分别是煤水之间距离、煤水之间岩性以及含水层厚度。采矿系统对矿区水资源承载力的影响主要是煤层开采后的变化，包含三方面内容，分别为裂隙发育高度、开采参数以及地表沉陷程度。其中开采参数包括开采速度、工作面推进长度以及工作面宽度。开采参数变化，对矿区水资源的影响也会发生变化。生态系统是矿区水资源承载力的直观反映，考虑煤炭开采对矿区生态环境的影响特征，选取地下水位变化、植被覆盖率以及生态需水量为主要评价指标，对开采前后矿区生态环境的变化进行评价。矿区水资源系统的直接承载对象就是生态系统，而影响矿区水资源系统的因素主要为水资源质量和总量，在不考虑人为因素调节作用下，水资源质量和总量是矿区水资源承载力的最主要影响因素。根据子准则层对矿区水资源承载力的影响特点，部分因子对矿区水资源承载力的影响是几个因素共同作用的结果，所以多因素的共同影响控制着矿区水资源承载力的状态。

各子准则层之间的联系如图3-12所示，煤炭开采形成采动空间，上覆岩层应力重新分布，在开采扰动（采矿系统）的影响下覆岩结构以及物理力学性质发生变化，形成采动裂隙等，改变原有赋存关系（地质系统）；随着开采的进行，隔水层破坏并形成导水通道，引起水资源流动，造成含水层水位下降等一系列水资源变化（水资源系统），最终改变区域内水资源循环状态，降低水资源承载力，诱发地表生态环境的变动（生态系统），导致大量植被枯死、地表荒漠化等生态问题，在这一限制下矿区煤炭开采规模会减小。

根据模糊综合分析法原则，还需要确定每个影响因子的隶属函数，隶属函数的确定需要明确每个影响因子对矿区水资源承载力的影响特征，因此本章不对隶属函数进行讨论，在确定了每个影响因子影响特征后再对隶属函数进行分析。对于隶属函数，主要基于前人实测

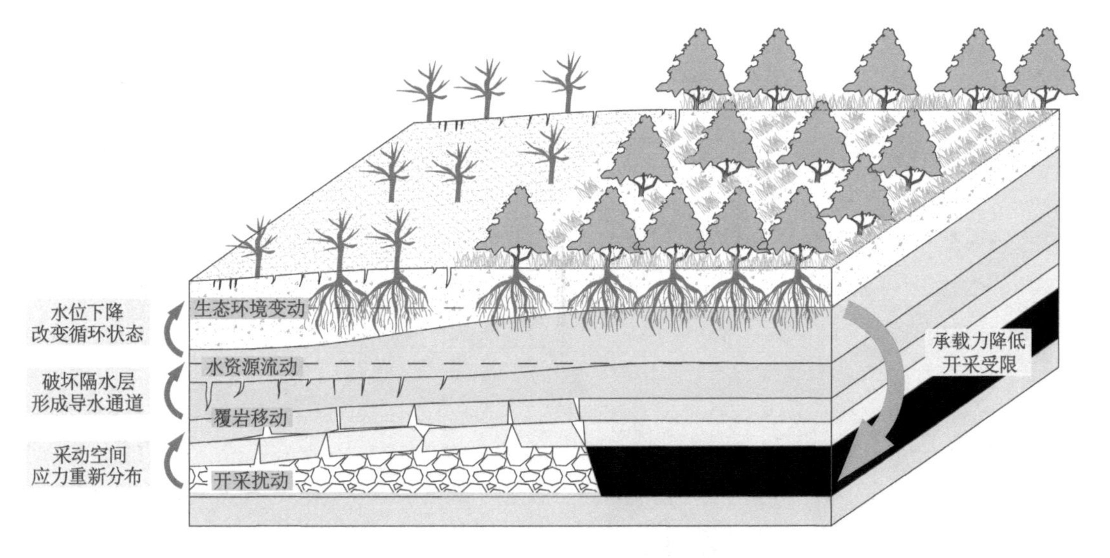

图 3-12 评价指标之间关系示意

结果并结合模糊数学理论，以模糊理论中的 F 统计法进行确定；对于一些比较复杂的影响因子而言，所涉及的影响因素不止一个（如开采参数，需要同时考虑开采速度、采高等参数的影响），则需要借助多元隶属函数的方法进行判定。对于隶属函数，要在掌握各评价指标的影响特征后再进行确定，该部分内容在后文将做详细分析。

3.4.2 矿区水资源承载力评价标准

前人在其他领域研究水资源承载力过程中均对其承载状态进行分级考虑，用来表征水资源对区域生态、人口等的承载状态，一般按照承载状态的优劣进行分级。例如，孙富行在对海河流域水资源承载力评价过程中将其分为协调程度很高（≥0.8）、协调程度较高（0.6～0.8）、协调程度一般（0.4～0.6）和协调程度不高（≤0.4）4 个级别；顾大钊等在评析神东矿区水资源承载力过程中将其进行分级处理（1 级、2 级、3 级……）[9,17,61,218]，并分别对相应的评价级别赋予了相应的评价值。

在前人研究的基础上，综合考虑我国西北矿区水资源采动影响特点，根据采动影响下矿区水资源对生态环境的承载状态，本书对矿区水资源承载力状态进行了分级，参考国际及国家发展规划[140]提出的分级方法，将矿区水资源承载力分为盈余承载、承载适值、承载中度、承载畛域、承载亏缺 5 个等级，并给出了相应级别的评价值，用来表征煤炭开采影响下矿区水资源对生态环境的承载状态，体现水资源承载力与生态环境、煤炭开采之间的关系。具体分类及评价值如表 3-8 所示。

表 3-8 矿区水资源承载力评价标准及评价值

矿区水资源承载力级别	Ⅰ	Ⅱ	Ⅲ	Ⅳ	Ⅴ
级别名称	承载盈余	承载适值	承载中度	承载畛域	承载亏缺
综合评价值	0.9～1	0.8～0.89	0.7～0.79	0.6～0.69	0～0.6

根据矿区水资源承载力对矿区生态环境承载特点，对各个级别的承载状态进行了界定，

各承载级别的含义如下。

① 承载盈余：该状态表明采动对矿区水资源承载力影响甚微，矿区内的水资源基本保持在原始状态，虽在采动作用下受一定影响，但仍能完全支撑矿区生态环境的良好发展，即矿区的水资源对生态环境的承载能力处于盈余状态，煤炭开采与矿区内水资源、生态环境协调发展，是最理想状态。

② 承载适值：该状态表明采动对矿区水资源的影响较小，与承载盈余状态相比在一定程度上降低了水资源对生态环境的承载能力，但是水资源仍能支撑生态环境的正常循环发展，采动作用与矿区水资源、生态环境之间相互影响但未造成严重破坏，两者呈现协调发展的态势。

③ 承载中度：该状态表明采动已经对矿区水资源承载力产生一定影响，生态环境在水资源承载力下降的情况下受到了一定的威胁，煤炭开采对矿区内的水资源造成了破坏，破坏程度仍在可控范围内，水资源对生态环境的承载能力仍在阈值范围之内，即水资源承载力处于中度范围内。

④ 承载畛域：该状态表明煤炭开采对矿区水资源承载力的影响已经处于临界状态，开采造成的水资源破坏已经对生态环境的良好发展构成了威胁，导致水资源承载力达到"警戒"状态，生态环境此时也已经受到威胁，水资源对生态环境的承载能力已经到了崩溃边缘。

⑤ 承载亏缺：该状态表明采动对矿区水资源造成了严重破坏，水资源大量流失，矿区内水资源系统已经完全失去自我循环状态，采动影响下的水资源已经不能对生态环境起到承载作用，致使生态环境恶化进入恶性循环状态。

4 矿区水资源承载力评价指标影响规律分析

矿区水资源承载力评价模型的构建为保水开采的评价与矿区水资源之间的关系搭建了基本的桥梁。研究各个因素对矿区水资源承载力的影响特征，掌握采动影响下矿区水资源变化规律，是评价矿区水资源承载状态的基础。前文对各个影响因子对矿区水资源承载力的影响特征进行了详细的分析，得到了植被覆盖率、生态需水量、水资源质量和水质情况等对矿区水资源承载力影响的基本规律。然而，采矿系统、地质系统相关的主要因素在采动影响下对矿区水资源承载力的影响特征仍需要深入研究和分析。实际上，采动影响、地质条件等是影响矿区水资源承载力的最重要因素，且随着开采的进行不断变化。本章基于数值模拟分析，以伊宁矿区基本地质条件为背景，构建数值分析模型，分别模拟了采高和隔水层位置等条件变化时水位变化、煤水赋存关系、地表沉陷、隔水层隔水能力等因素的变化特征，为分析矿区水资源承载力提供依据。

4.1 采动影响下含水层水位变化数值模型建立

本书利用 UDEC 离散元模拟软件，以新疆伊犁四矿 21-1 煤层为条件进行数值模拟分析。伊宁矿区属于干旱半干旱地区，地下水是生态环境良性发展的基础，地下水受到扰动将会直接导致生态环境的恶化，生态环境一旦遭到破坏将很难恢复。因此，保水开采是干旱半干旱矿区生态环境保护的基础，研究煤炭开采过程对含水层的影响涉及两方面的内容：一为开采过程中岩层移动对含水层的影响；二为含水层受扰动后的流体分析。

UDEC 是由美国 Itasca 公司开发的模拟软件，主要用于模拟采矿、边坡等非连续介质承受静载或动载作用下的响应，还可用于模拟岩土体内孔隙水、节理面流体等对工程实际的影响特征，对承压水和自流水均可进行模拟。本书选取 UDEC 作为模拟工具进行模拟分析，研究采矿作用对含水层的扰动规律，判断不同情况下采动对含水层的影响特征，其优势在于既可以模拟开采过程中岩层垮落，又可以分析岩层受扰动后对含水层的影响，能很好解决本书提出的问题。

伊犁四矿位于新疆维吾尔自治区伊犁哈萨克自治州霍城县东南部，首采区主采 21-1 煤层，煤层均厚 11.5 m，埋深变化在 75～525 m；区内广布第四系黄土状粉土，煤层顶板岩性较复杂，主要为泥岩和粉砂质泥岩，次为碳质泥岩、粉细砂岩，局部可见松散砂砾岩；与 21-1 煤上部直接相邻的含水层为古近系砂岩含水层，属于非承压含水层，水压主要受自身重力影响，水位埋深－10.25～20.08 m，水位标高 815.13～818 m，主要补给源为第四系和新近系含水层。煤层与古近系含水层空间赋存关系如图 4-1 所示，煤层和含水层之间赋存有基岩和古近系砂砾岩，基岩和砂砾岩间夹有埋深不同、以泥岩和砂质泥岩为主的隔水层。如果开采过程对古近系含水层造成破坏，将直接影响矿区内水资源的正常循环，从而造成生态环境破坏。

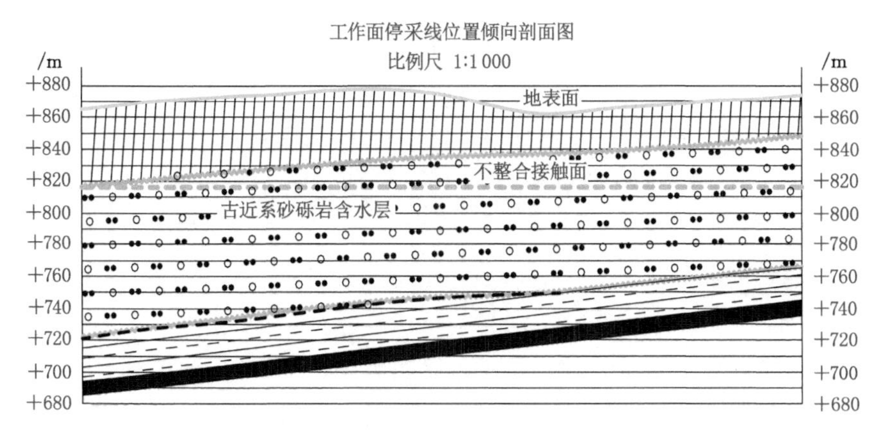

图 4-1　煤层和含水层空间赋存关系示意

本书基于 UDEC 软件的离散和流体模型，针对伊犁四矿基本地质条件构建数值分析模型，分析煤炭开采对含水层的影响特征。模型采用莫尔-库仑准则为判别准则，基本参数选取如下。

① 模型尺寸：依据 21-1 煤平均埋深将模型高度设置为 267 m；同时考虑边界效应(左右两侧各留 60 m 煤柱)和工作面推进过程中完全采动效应，将模型长度设置为 500 m；开挖步距为 10 m/步。

② 采高选取：目前首采煤层采高为 5 m，同时考虑井田内可采煤层累计总厚度达 40 m，且部分煤层会采用分层开采，所以分别将采高设为 3 m、5 m、8 m、10 m、15 m、20 m 进行分析，目的是对开采过程中可能的采高均进行分析。

③ 含水层：依据古近系含水层平均厚度(30 m)，将模型内含水层厚度设置为 30 m；古近系含水层内的水压主要受重力影响，即含水层厚度不同水压也不同，根据含水层厚度计算得到初始水压。

④ 隔水层：如前文所述，煤层和含水层之间存在埋深不同的隔水层，根据隔水层与含水层之间的距离将隔水层概化为三类，即上、中、下三类隔水层。隔水层及其他岩层物理力学参数在实验室测得。

综上，模型走向长度为 500 m，垂直方向尺寸为 267 m，采用分段开挖的方式进行开采，开挖步距为 10 m。考虑模拟计算过程的边界效应，模型左右边界留 60 m 的边界煤柱，计算过程中，采用莫尔-库仑准则作为岩体破坏的判别准则，共开挖 380 m。岩层的物理力学参数见表 4-1。

表 4-1　伊犁四矿岩层物理力学参数

岩性	密度 /(kg/m³)	体积模量 /GPa	剪切模量 /GPa	泊松比	内摩擦角 /(°)	内聚力 /MPa	渗透系数 /(cm/s)
表土层	1 240	1.80	1.2	0.35	33	0.3	10^{-7}
砂岩	2 600	18.5	10	0.28	46	3.0	0.17

表 4-1(续)

岩性	密度 /(kg/m³)	体积模量 /GPa	剪切模量 /GPa	泊松比	内摩擦角 /(°)	内聚力 /MPa	渗透系数 /(cm/s)
粉砂质泥岩	2 430	8.50	6.5	0.20	40	2.6	3.5×10^{-5}
隔水层	2 400	6.50	5.5	0.38	43	3.6	1.5×10^{-8}
含水层	2 200	24.0	15	0.18	40	3.0	1.6×10^{-8}
煤层	1 240	6.70	2.2	0.25	28	1.5	7.2×10^{-4}

根据隔水层与煤层相对位置,将模型概化为三类——下位隔水层(Ⅰ)、中位隔水层(Ⅱ)和上位隔水层(Ⅲ),隔水层厚度为 30 m;含水层位于模型上部,厚 30 m;三类模型煤层厚度均为 20 m,含水层初始水压为 0.3 MPa,选取采高为 3 m、5 m、8 m、10 m、15 m、20 m 六种情况进行研究。根据隔水层位置、采高两种情况共建立模型 18 个,概化模型如图 4-2 所示。模拟时分别在含水层、隔水层和煤层中布置测点,监测开挖过程中水压变化特征。

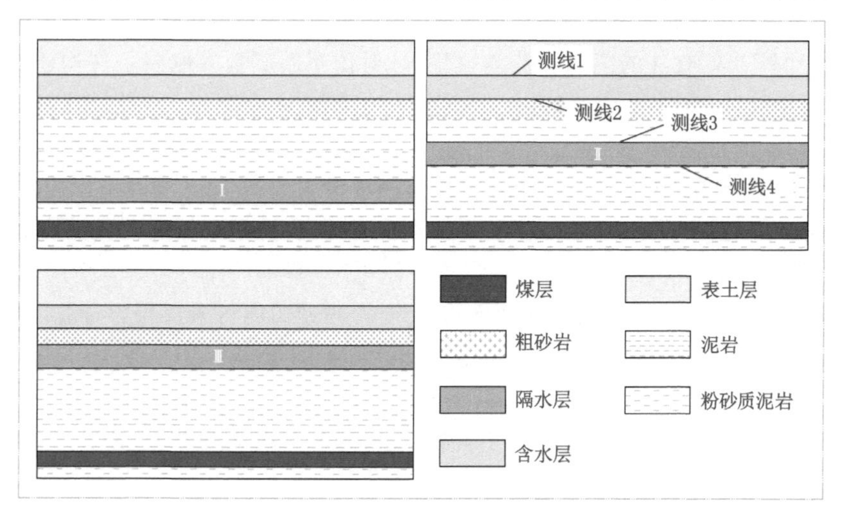

图 4-2 数值模拟概化模型

模型内含水层为含砾粗砂岩,隔水层以泥岩为主,煤层和隔水层之间岩层岩性主要为泥岩、粉砂质泥岩、粗砂岩,隔水层和含水层之间岩层岩性主要有泥岩、粗砂岩等,含水层之上为表土层和基岩。开挖方案:计算至初始应力平衡后再进行开挖,模型两侧各留 60 m 煤柱,开采高度分别为 3 m、5 m、8 m、10 m、15 m、20 m,均沿煤层顶板进行开挖,开挖步距为 10 m,开采高度如图 4-3 所示。

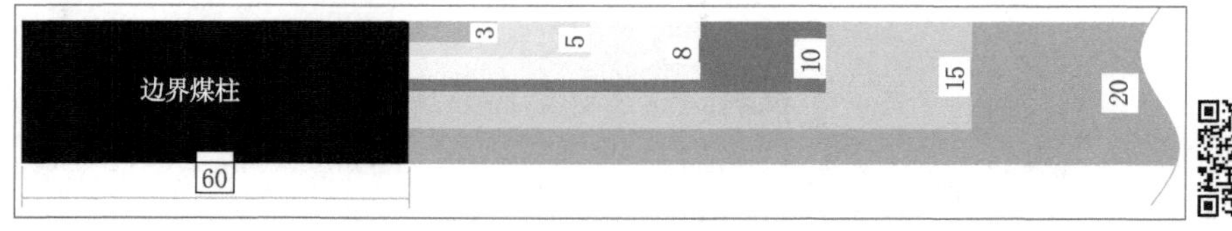

图 4-3 不同采高模拟示意(单位:m)

保水开采的目的是煤炭开采过程中对水资源的保护，尤其是对地下水资源的保护，地下水资源影响矿区生态环境。如前文所述，西北生态脆弱矿区对地表生态环境的影响归结到地下水位的变化上，地下水位超出阈值范围将会导致植被枯死等生态问题。自然状态下，水在岩层内赋存方式有结合水和重力水两种：结合水附着在岩层表面，在自身重力作用下不能运动；重力水连续分布，能传递静水压力，其在重力和水头差的作用下可连续运动。重力水是开发和利用的主要对象，对区域生态环境和水资源循环均有重要作用。

我国西北矿区煤炭开采造成生态环境破坏的主要含水层为浅表含水层，浅表含水层是支撑矿区生态环境的主要水资源。含水层内的水压主要受重力影响，即含水层厚度不同水压也不同，因此含水层内水压可直接反映水位的变化特征。采动影响下含水层内水压发生变化证明煤炭开采已经对含水层产生影响，含水层的水位、岩层内水资源量等相应参数发生了改变，可作为分析采动影响下含水层水位变化的依据。根据数值模拟结果，分析不同地质条件和采高条件下的水压变化特征，摸清采高及煤水赋存关系对含水层的扰动特点。

4.2 采高及煤水赋存关系对含水层的影响

本节针对上述三类模型模拟结果进行分析，提取测线内水压的监测数据结果，以采高和煤水赋存关系（煤层和隔水层空间分布）为对比条件，分别研究采高和煤水赋存关系对含水层的影响，从而掌握采高和煤水赋存关系在采动影响下对水资源承载力的影响特征；通过分析含水层、隔水层内水压变化规律，掌握采动影响下含水层内水压的变化规律，进一步研究不同模式下采动影响对含水层内水位变化的影响机理，揭示采动影响下水资源演化机理，为分析我国西北矿区水资源承载力变化提供理论依据。根据各个测线内监测到的水压变化特征，以采高和煤水赋存关系为对比条件，分别分析开采过程中测线内水压变化规律，研究煤炭开采过程中含水层内水资源受扰动规律，为分析采动影响下水资源承载力状态特征提供依据，具体分析如下。

（1）测线 1 内水压变化情况

测线 1 内水压变化情况如表 4-2 所示。

表 4-2　测线 1 内水压变化特征

上位隔水层	中位隔水层	下位隔水层

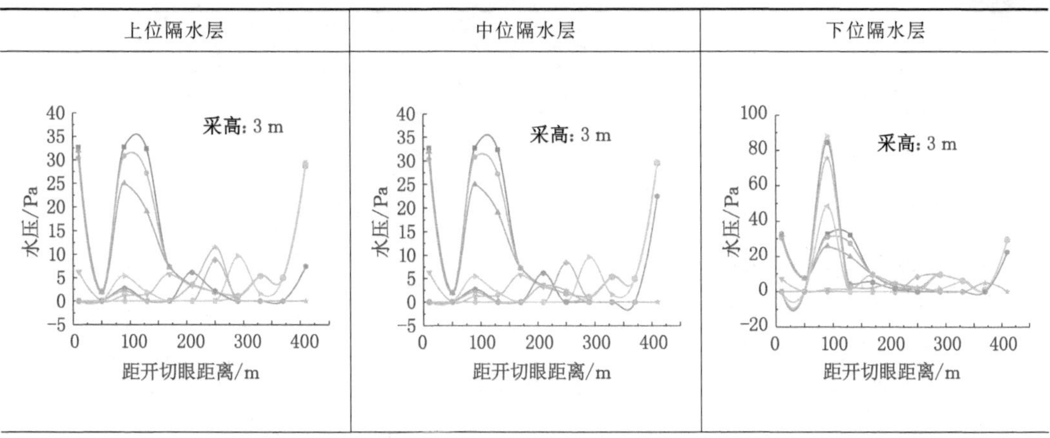

表 4-2(续)

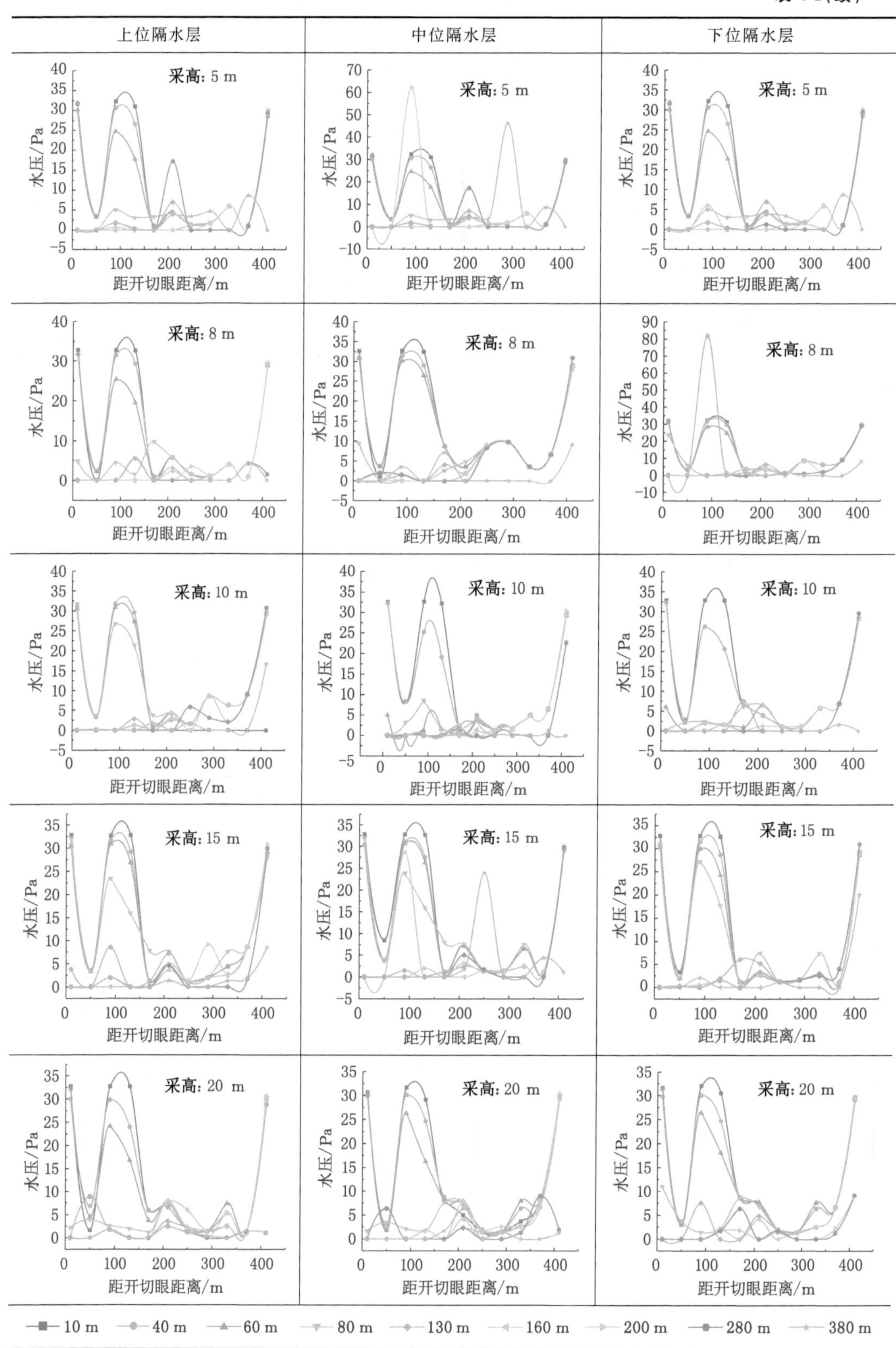
上位隔水层
中位隔水层
下位隔水层
采高: 5 m
采高: 8 m
采高: 10 m
采高: 15 m
采高: 20 m
水压/Pa
距开切眼距离/m
10 m
40 m
60 m
80 m
130 m
160 m
200 m
280 m
380 m

① 采高影响分析:测线 1 位于含水层上部,从结果中可以看出,整个开挖过程中水压变化虽有起伏,但是水压维持在一个很小的范围内,最大值仅 63 Pa,与模型初始水压 0.3 MPa 相比变化非常小。隔水层处于同一位置、不同采高下隔水层上部水压波动规律基本一致,变化规律基本相同,在开采初期水压上升,随后在开采 100 m 左右时下降至 0 Pa,在停采线处水压又呈现上升状态。测线 1 处水压较小且变化范围也较小的原因主要有:测线 1 设置在含水层与上覆岩层接触面上,属于地下水最上层水面,在实际情况中水压也基本为零;在采动影响下,水会沿着采动裂隙向下流动,对上覆岩层的影响较小,接触面的水压也基本上不会发生改变,只有水位上升时水压会有增大的情况,因此,模拟值与实际情况相符合。

② 隔水层位置影响分析:隔水层内的水压在同一采高、隔水层位置不同情况下的变化规律也不尽相同。随着隔水层位置的上升,测线内同一位置测点的隔水层水压变化幅度呈下降趋势,但总体波动不大。采动影响造成水资源变化的表现是水资源流失,直接表现为水位下降,当水位下降后含水层内的水压也随之下降。

(2) 测线 2 内水压变化情况

测线 2 内水压变化情况如表 4-3 所示。

表 4-3　测线 2 内水压变化特征

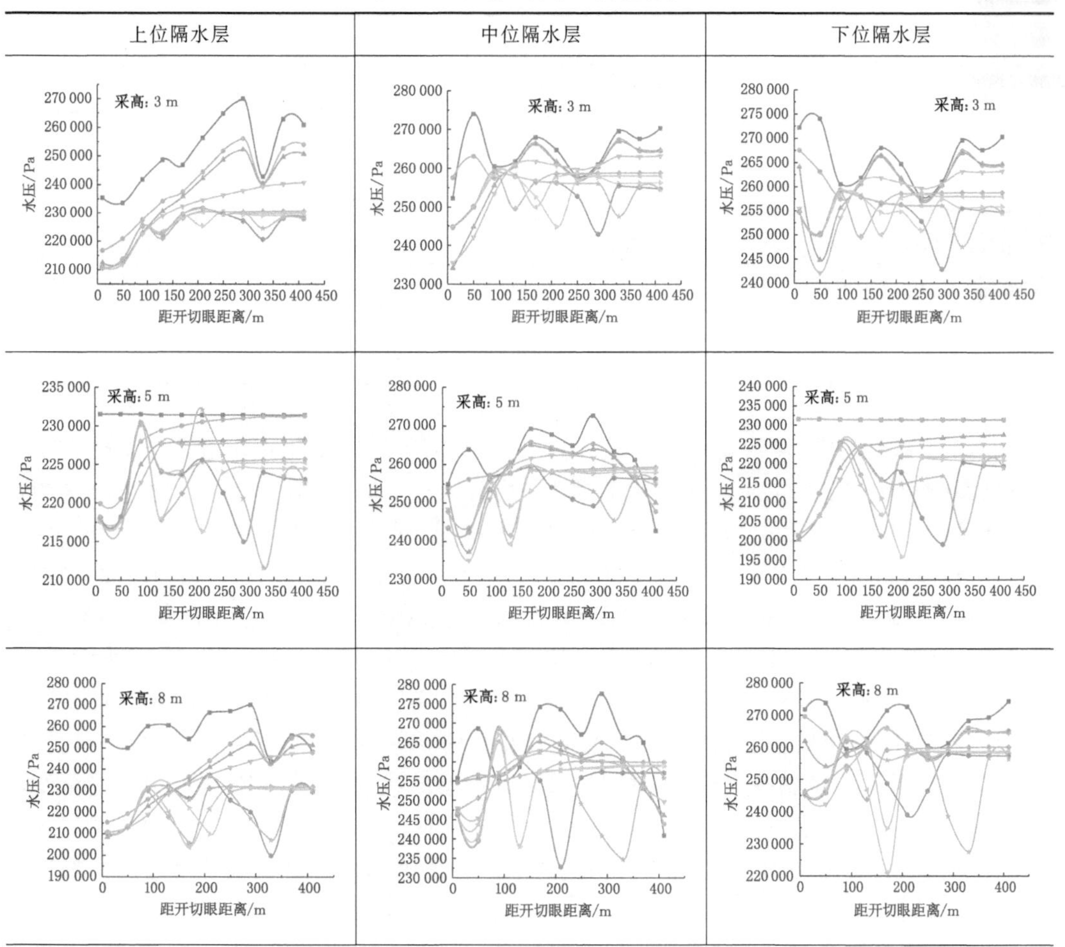

表 4-3(续)

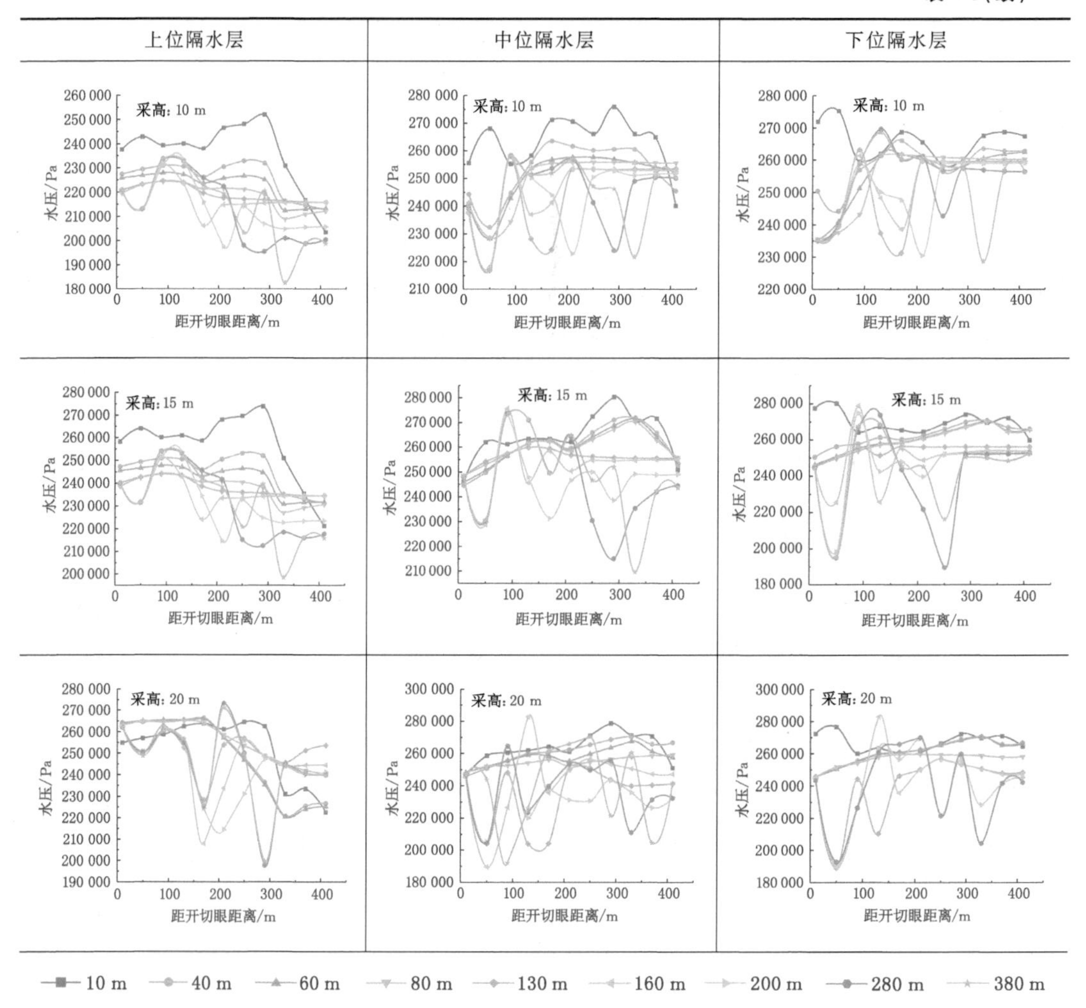

① 采高影响分析:测线 2 位于含水层底部,测线内水压的变化规律可直接反映含水层受采动影响特征。按照水压变化规律将扰动作用分为三个区,分别为稳定区、过渡区和周期性变化区。稳定区:含水层未受到扰动或者受扰动较小,水压变化维持在一个相对稳定的范围之内;过渡区:随着工作面的不断推进,含水层内水压变化开始出现小范围的波动;周期性变化区:水压变化曲线出现周期性起伏趋势,随着工作面的推进,水压变化极值点向前移动,下降极值点基本上处在开采位置。随着采高的增加,同一位置测点的水压变化有很大差别,采高增加后,水压变化幅度也随之增加,当隔水层处于上位和中位时,稳定区位置在开挖 50~80 m 前,隔水层处于下位时稳定区位置约在开挖 50~60 m 前,稳定区内水压变化幅度较小,基本上处于稳定状态,说明该时期开采对含水层的扰动较小;过渡区内水压变化幅度较稳定区稍显增加,说明开采已对含水层产生影响;周期性变化区主要特点是水压下降的极值点出现周期性变化,极值点位置随着采高的增加也逐渐增加。采高对含水层的影响还体现在随着采高的增加,对含水层影响的时间效应也会提前,即处在同一位置测点水压变化极值点会随着采高的增加而提前出现,过渡区和周期性变化区也提前出现。

② 隔水层位置影响分析：采高相同时，隔水层位置对含水层的影响规律差别很大，当隔水层位置位于下部时，其水压变化幅度较中位和上位隔水层的大，稳定期时间也较其他两个位置的短；隔水层位于上部时，水压变化相对较平稳，采高为 3 m、5 m、8 m 时，水压变化呈上升式“锥体”，采高为 10 m、15 m、20 m 时，水压变化呈下降式“锥体”；随着隔水层位置的升高，水压变化幅度逐渐减小，这说明隔水层越靠近煤层，其隔水性受到的扰动越大，隔水层靠近含水层而距离煤层较远时，开采对隔水层的扰动作用较小，破坏作用会随着距离的增加而“推迟”；另外，当采高增加到 10 m 以上时，水压变化受采高影响更加明显，在开采 150 m 左右以后，水压变化幅度变小，监测到的水压值亦很小，这是由于采高较大，采动裂隙发育较高，对含水层破坏更严重，从而导致含水层内的水资源向下流动，水位下降致使水压降低，最终含水层内的水资源基本上已经涌入采空区。

（3）测线 3 内水压变化情况

测线 3 内水压变化情况如表 4-4 所示。

表 4-4 测线 3 内水压变化特征

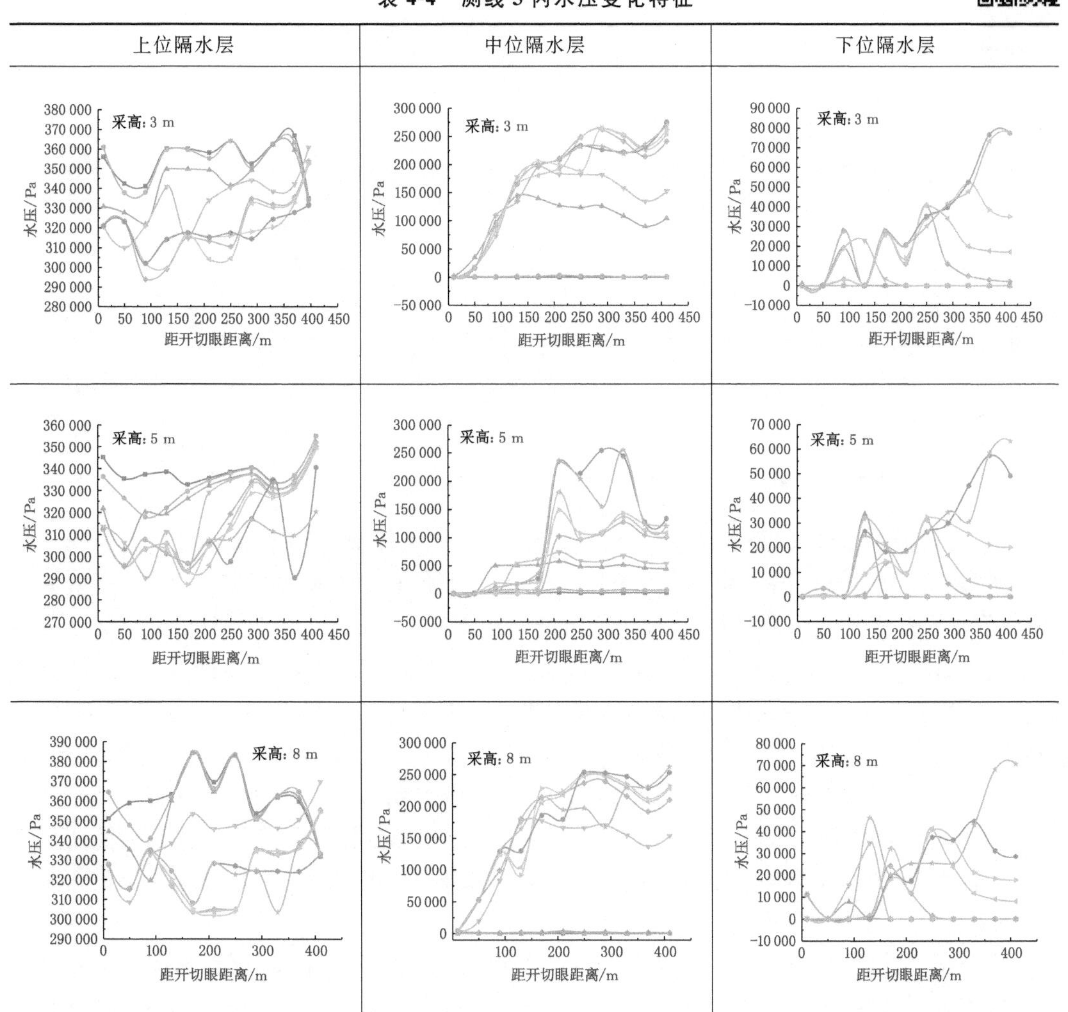

表 4-4(续)

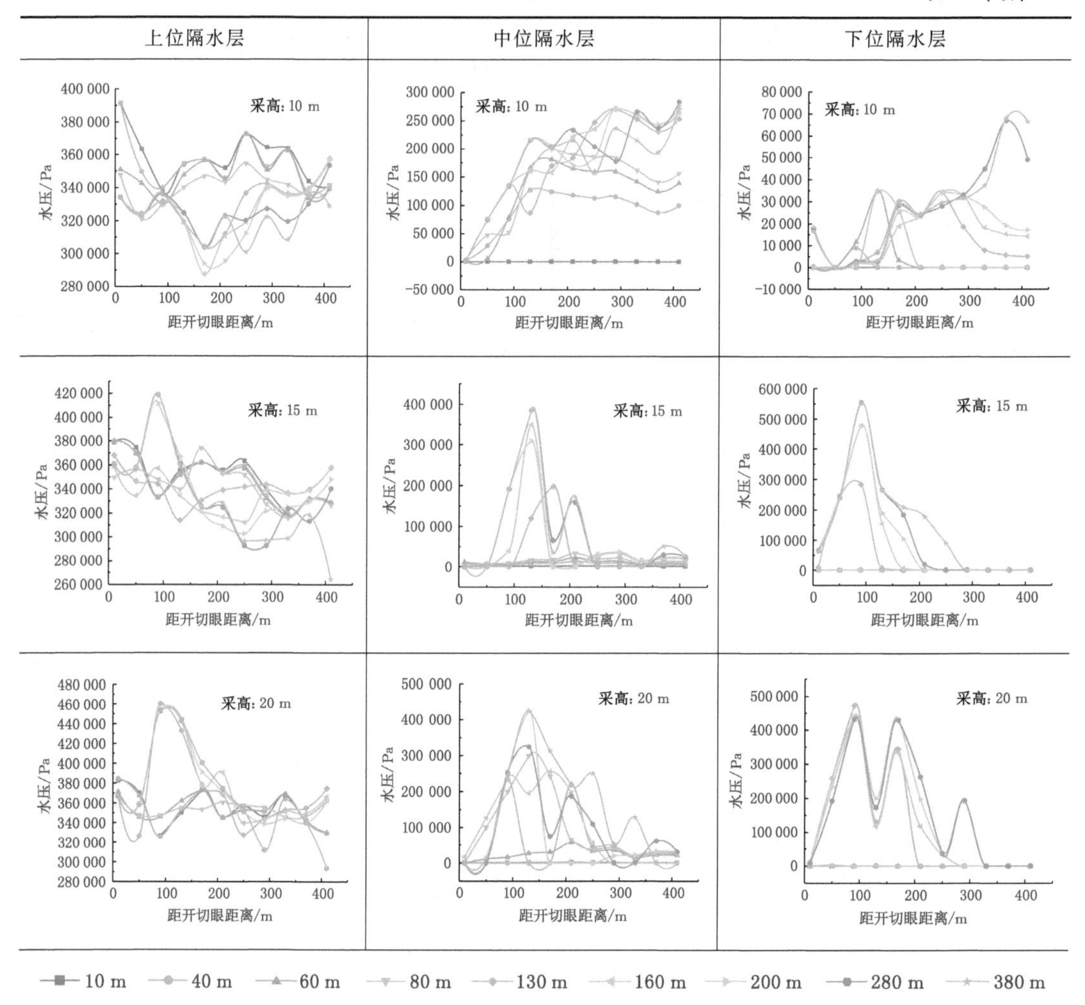

① 采高影响分析：测线 3 位于隔水层上部，水压变化规律说明了隔水层受采动影响以及含水层受扰动情况。隔水层位于上部时，测线 3 内水压变化表现出很强的周期性，开挖 80 m 前水压基本上变化较平稳，波动幅度也较小，开采 130 m 后水压出现明显下降。开采 130 m 以后水压值低于 80 m 以前水压值，这一差别随着采高的增加逐渐减小，当采高为 15 m 和 20 m 时，水压变化周期性不明显，总体呈现下降趋势。隔水层位于中部和下部，采高为3 m、5 m、8 m、10 m 时，水压逐渐增加，下位隔水层内的水压在停采线处有回落现象，而中位隔水层内的水压一直处于上升状态；当采高增加到 15 m 和 20 m 时，水压出现“驼峰”或“类驼峰”式变化，先增加至极值、后下降，产生此现象的原因是煤层开采后对隔水层造成永久性破坏，隔水层裂隙发生张开和闭合间歇式交替，含水层内的水沿导水裂隙进入采空区，导空含水层内的水资源。

② 隔水层位置影响分析：由上述分析可知，测线 3 内水压变化较复杂，总体上随着隔水层位置的升高，水压变化逐渐减小，隔水层处于下部时水压变化比中位和上位隔水层的大，中位隔水层水压变化比上位隔水层的大。从表 4-4 中可以看到，当隔水层为下位隔水层时，

水压变化幅度较大，这说明隔水层处于下部时很容易受到采动影响，裂隙破坏隔水层、导通含水层，使隔水层失去隔水作用、含水层内水资源流入采空区；当隔水层处于中位、采高增加到 15 m 时，此时水压变化规律与下位隔水层水压变化规律基本一致，说明在此采高下含水层基本上被破坏；当隔水层位于上位时，水压变化较前两者均小，但随着采高的增加水压变化幅度逐渐变大。

(4) 测线 4 内水压变化情况

测线 4 内水压变化情况如表 4-5 所示。

表 4-5 测线 4 内水压变化特征

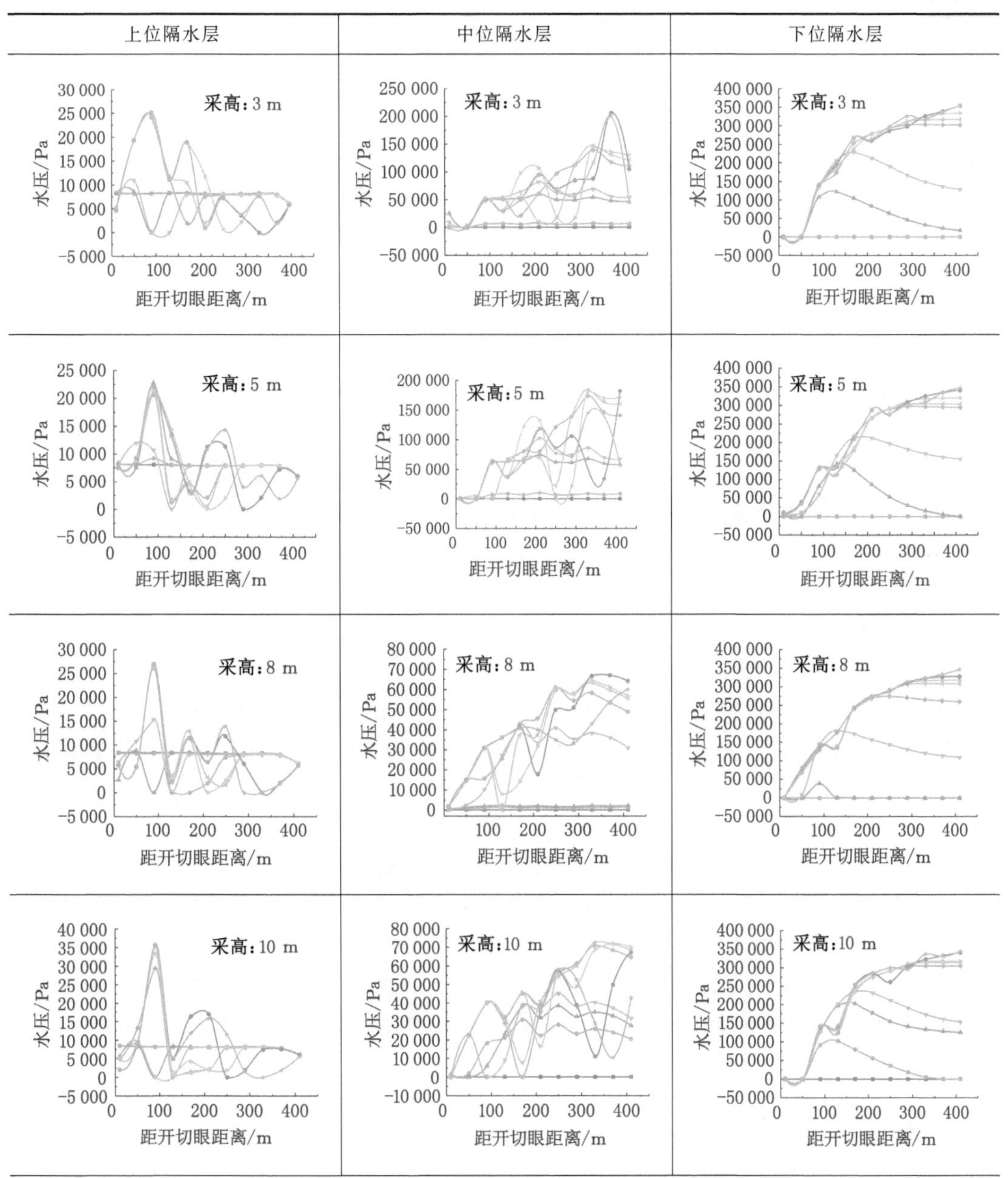

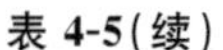
表 4-5(续)

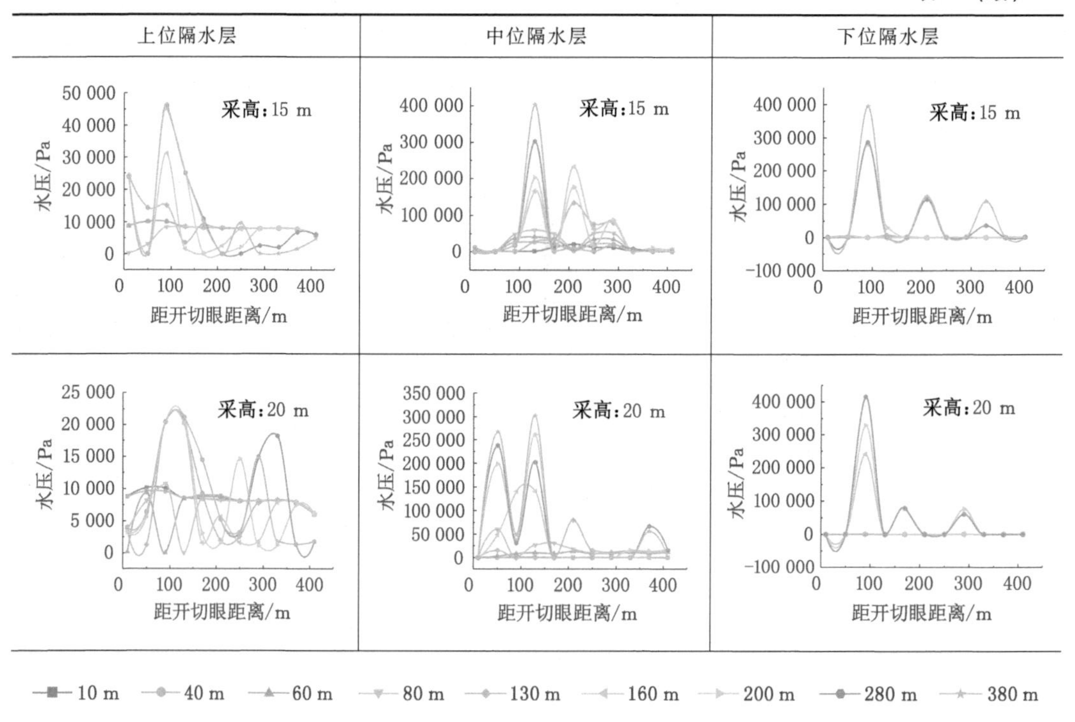

① 采高影响分析:隔水层下部的水压可以直接反映隔水层的隔水能力,水压变化直接反映了开采对含水层的影响程度,同时也反映了隔水层内采动裂隙的张开和闭合情况。由表 4-5 可以看到隔水层处在同一位置时,随着采高的变化,隔水层下部水压变化不同,特别是当采高增加到 15 m 以后,水压变化特征出现明显不同。隔水层位于上部时,水压总体变化趋势为随着工作面的推进逐渐减小,随着采高的增加隔水层的破坏程度逐渐增大,隔水层的隔水性能逐渐变差。隔水层位于下部和中部时,水压总体上处于增长状态,当工作面推进 80～130 m 时,水压开始逐渐增加;当采高增加到 10 m 时,工作面推进 50～100 m 时水压出现最大值,且总体呈下降趋势。综上,隔水层下部水压变化随着采高的增加变化幅度越来越大,当采高增加到 10 m 和 15 m 时,隔水层基本上失去隔水能力,此时含水层内的水资源流失严重。

② 隔水层位置影响分析:采高相同时,若隔水层位置不同,水压变化规律有很大不同。隔水层处于上位时,水压变化规律为渐进式变化,水压随工作面推进出现周期性增加和减小,隔水层处于中位时水压增加和减小的幅度更加明显,而处于下位时,水压总体上呈现上升趋势。当采高增加到 10 m 后,上位隔水层水压变化幅度增加,但变化值减小,这说明隔水层内的采动裂隙处于周期性张开与闭合状态;隔水层处于中位和下位时水压出现驼峰式变化,最终水压减小到零,这说明在开采过程中,采动裂隙发育至隔水层,隔水层被破坏,出现较大的导水裂隙,水资源沿着导水裂隙进入采空区,水压逐渐减小直至为零。

以上根据四条测线内水压变化特征,分析了煤层开采过程中采高和隔水层位置对含水层和隔水层的影响规律,直观表征了不同情况下含水层、隔水层受扰动变化特征,总结起来主要有以下三点:① 采高越大对隔水层影响越大,含水层受扰动程度越大,水资源破坏越严重；② 隔水层与煤层之间距离越近，采动影响在时间和空间上越提前，隔水层的隔水能力受破坏程度越大，含水层内水资源流失越严重；③ 以往对采动裂隙发育均以发育高度进行判断，对裂隙是否会导水这一情况未予考虑，所以在实际分析过程中要以隔水层是否失去隔水作用为标准。

4.3　采动影响下含水层水位变化

分析含水层下部各测点水压在工作面推进过程中变化情况，可更好掌握采动影响下含水层受扰动特点以及含水层在采前和采后水位动态变化规律，从而更好地掌握水资源承载力在采动影响下的变化特征。

含水层水压在采动影响下变化特征如表 4-6 所示。

表 4-6　含水层水压在采动影响下变化特征

上位隔水层	中位隔水层	下位隔水层
采高：3 m 水压/Pa：210 000 220 000 230 000 240 000 250 000 260 000 270 000 距开切眼距离/m：0 50 100 150 200 250 300 350 400	采高：3 m 水压/Pa：230 000 240 000 250 000 260 000 270 000 距开切眼距离/m：0 50 100 150 200 250 300 350 400	采高：3 m 水压/Pa：240 000 250 000 260 000 270 000 距开切眼距离/m：0 50 100 150 200 250 300 350 400
采高：5 m 水压/Pa：210 000 220 000 230 000 240 000 距开切眼距离/m：0 50 100 150 200 250 300 350 400	采高：5 m 水压/Pa：230 000 240 000 250 000 260 000 270 000 280 000 距开切眼距离/m：0 50 100 150 200 250 300 350 400	采高：5 m 水压/Pa：190 000 200 000 210 000 220 000 230 000 240 000 距开切眼距离/m：0 50 100 150 200 250 300 350 400
采高：8 m 水压/Pa：190 000 200 000 210 000 220 000 230 000 240 000 250 000 260 000 270 000 280 000 距开切眼距离/m：0 50 100 150 200 250 300 350 400	采高：8 m 水压/Pa：230 000 240 000 250 000 260 000 270 000 280 000 距开切眼距离/m：0 50 100 150 200 250 300 350 400	采高：8 m 水压/Pa：220 000 230 000 240 000 250 000 260 000 270 000 280 000 距开切眼距离/m：0 50 100 150 200 250 300 350 400

表 4-6(续)

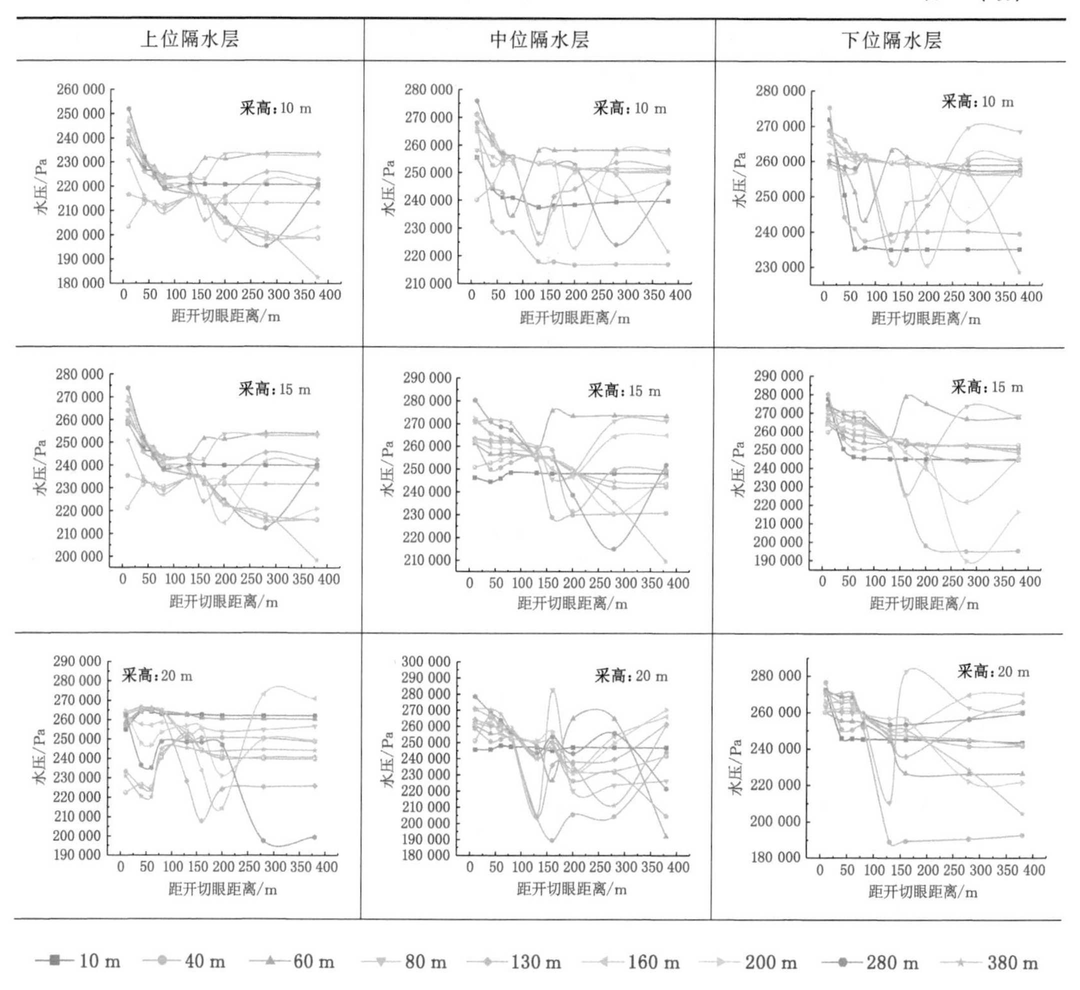

从监测结果来看,采高、煤水赋存关系均对含水层内水压产生很大影响。随着采高的增加,工作面推进过程中水压变化越来越复杂,特别是距开切眼 90 m 以后测点水压变化规律越来越复杂,显现出很强的时间效应,测点水压呈现减小→增加→减小→恢复的变化特征。当采高相同、隔水层位置不同时,水压变化规律为隔水层位于下部时水压波动幅度最大,随着隔水层位置的上升,水压在同一采高下变化幅度逐渐减小,部分测点的水压在开采后逐渐上升。水压的上升和下降表征含水层的受扰动特点,同时也间接反映了隔水层受煤层开采影响下隔水能力的状态,在采动影响下产生张开裂隙时,水资源流失,水压下降,随着开采的进行,裂隙闭合,隔水能力恢复,含水层水位在补给的作用下又有所恢复,表现为水压上升。

通过上述分析可知,隔水层位置对含水层具有很大影响,具有明显的时空效应。空间上,隔水层越靠近煤层,采动裂隙对隔水层的影响越早,隔水层受到的损伤程度越大,隔水层的隔水能力越差,水资源流失越严重,从而造成水资源破坏程度加剧;在时间上,随着隔水层与煤层之间距离的增加,隔水层所受到的破坏在时间上逐渐推迟,受破坏的程度也逐渐减小,水资源受破坏程度逐渐减小,对水资源保护越有利。采动裂隙的发育程度控制着隔水层隔水能力,采动裂隙越发育、张开程度越大,隔水层隔水能力越差,最终造成含水层破坏程度也越严重。煤炭开采过程中水资源保护问题受到自然条件和人为因素的双重影响,其中自然因素是不可改变的,包括煤层埋深、煤岩体物理力学性质等;人为因素主要是开采过程中的参数和工艺选取等,人为因素对水资源的影响是对自然因素的破坏。所以,隔水层与煤层之间的距离、采高是影响矿区水资源的主要因素,摸清煤水赋存关系、制定合理的开采参数是实现保水开采的重要环节。

4.4 地表沉陷规律分析

地表沉陷对水资源承载力的影响主要体现在造成地表生态环境的变化,不同情况下地表沉陷规律随着地质条件和开采参数的变化而变化,对不同模型模拟结果进行分析,对地表垂直方向下沉高度进行监测,得到不同情况下地表下沉高度和沉陷规律(表 4-7)。

表 4-7 不同情况下地表沉陷特征

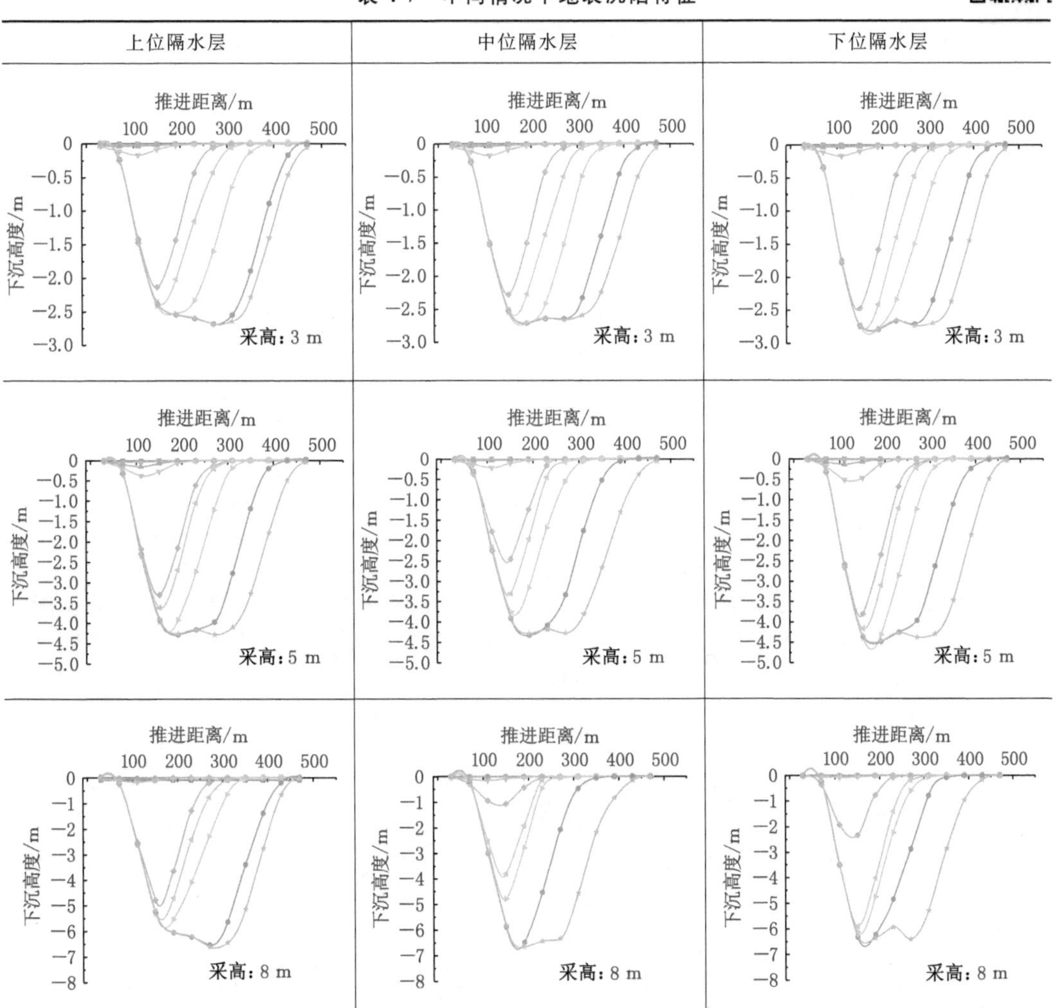

表 4-7(续)

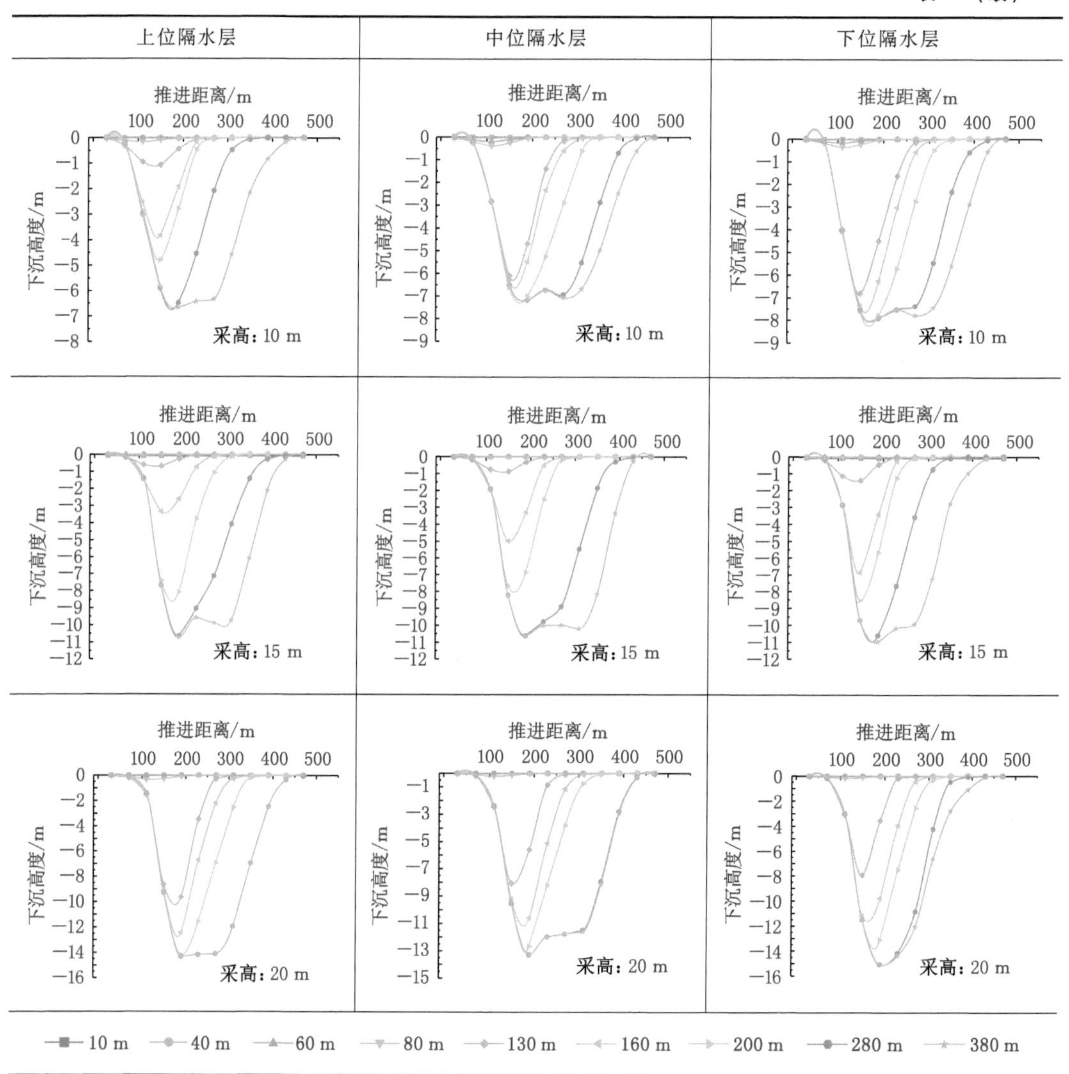

从上述监测结果来看，不同情况下下沉规律基本一致。随着工作面的推进地表沉陷高度逐渐增加，在地表形成面积逐渐增加的沉陷盆地；当工作面推进 200 m 左右时达到充分采动状态，下沉高度不再增加，但下沉面积继续增长，整个沉陷区边界超过采空区边界，最终下沉曲线出现平底；不同情况下启动距不同，且不同采高情况下处于同一位置测点的下沉高度也有很大差别；不同情况下各测点的下沉曲线基本上关于采空区中央上方地表呈对称分布，下沉均匀，呈凹形，沉陷范围超过开切眼和停采线，地表产生拉伸变形。对不同情况下最大下沉高度进行统计，结果如图 4-4 所示；同时对不同情况下下沉系数进行分析，得到图 4-5。

由图 4-4 可以看到，最大下沉高度随着采高的增加而增加，增长幅度随着采高的增加逐渐变缓，总体上下沉高度与采高呈线性增长关系，下沉高度受采高影响较大。从图 4-5 中可以看出，随着采高的增加下沉系数逐渐减小，下沉系数变化趋势基本一致；当采高增加至

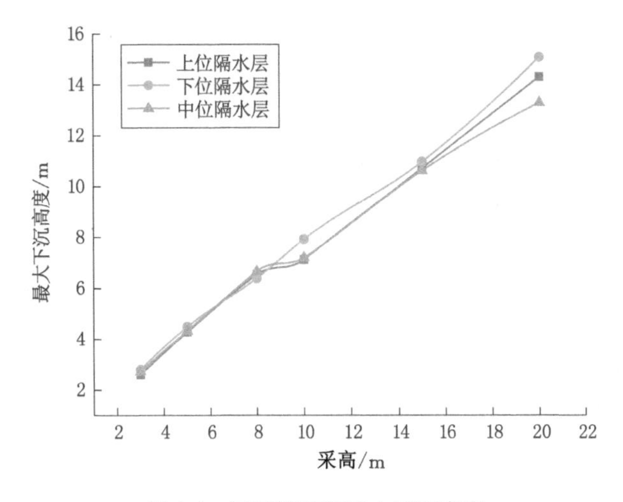

图 4-4 不同情况下最大下沉高度

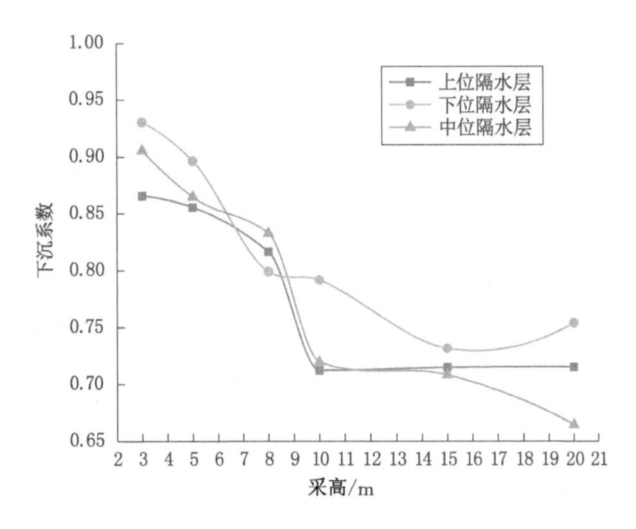

图 4-5 不同情况下下沉系数

10 m 时，下沉系数出现拐点，下沉系数变化幅度逐渐变缓；隔水层位置不同情况下下沉系数变化规律基本一致；从总体上看，下沉系数变化曲线具有很强的规律性，不考虑地表下沉形态、以采高为变量情况下呈半梯形变化。

采动影响下的地表沉陷对矿区水资源的重要影响是改变其循环平衡状态，地表沉陷值越大对水资源的自然循环状态改变越大。由表 4-7 可以看到，随着采高的增加，下沉高度也逐渐增大，当下沉高度超过含水层内水位埋深时，会导致含水层出露地表，增加区域内水蒸发量和地表径流量，进而减小地下水资源总量，使地表生态对水资源的汲取减少，诱发植被生长状态恶化。另外，地表沉陷会伴随着地表裂隙的产生，改变降雨入渗速度和地表水蒸发速度，从而改变自然状态下水资源对矿区生态的供给状态，严重影响矿区生态环境的发展状态。因此，采动沉陷是影响矿区生态环境的重要因素，不但会改变地表表生生态生长状态，还会造成区域水资源循环状态的改变，最终改变水资源对矿区的承载能力。

4.5 隔水层有效性及导水裂隙发育高度判别

采动裂隙会破坏隔水层完整性，导致隔水层隔水能力发生变化，隔水层在开采参数、岩性等条件影响下也会改变采动裂隙的发育程度。采动裂隙对矿区水资源的影响主要体现在是否成为导水通道，造成含水层内的水资源大量流失，进而导致水资源失去对生态环境的支撑能力，因此在判断隔水层是否失去隔水能力时不能只看裂隙发育高度，要综合分析裂隙发育和含水层内水资源变化程度。本节依据开采过程中水资源变化特征研究隔水层有效性和裂隙发育程度，分析不同采高条件下水资源变化特征，选取工作面推进 90 m、130 m、170 m、210 m、290 m、380 m 时水压变化规律，研究采动过程中水资源动态演化规律。

4.5.1 隔水层位于上部时含水层变化特征

上节研究表明，当隔水层位于上部时，采动裂隙对隔水层的破坏时间相对较晚，当隔水层位置下降时，隔水层受到破坏的程度变大，破坏时间较早；不同采高影响下隔水层损坏程度也不同，采高越大对隔水层的扰动越大。那么在不同情况下，随着工作面的不断推进，含水层内的水资源变化是如何的，还需进一步分析。本节在数值模拟的基础上，分析工作面推进过程中含水层内水资源变化特征，研究煤水赋存关系以及采高对含水层内水压变化的影响规律，反演裂隙发育高度以及隔水层隔水能力有效性，进而掌握煤炭开采对矿区水资源承载力的影响规律。

当采高为 3 m 时，在工作面推进 130 m 之前，含水层内水压变化不明显，未出现明显的升降现象。当工作面推进 130 m 时，含水层受到了轻微扰动，水沿着采动裂隙穿过隔水层向下部岩层流动。当工作面推进 210 m 时，工作面正上方约 50 m 处水压出现明显增大现象。当工作面推进 290 m 时，含水层下部岩层内的水压增加现象更加明显，且水压增加的岩层的面积亦明显增加。随着工作面的不断推进，下部岩层水压增加的面积也逐渐增大。当工作面推进至停采线处时，含水层内水压未出现明显减小特征。以上说明，采高为 3 m 时对隔水层产生影响，但隔水层仍能起到隔水作用，水资源流失不严重，部分水资源在采空区上部一定距离内“汇聚”。如图 4-6 所示。

当采高为 5 m 时，工作面推进 90 m 时，采空区上方出现水压增大现象，说明含/隔水层受到扰动，水资源穿过隔水层向下流动；当工作面推进 210 m 时，工作面正上方水压明显增大；当工作面推进 290 m 时，水压增加现象更加明显，水压增加范围扩大且较采高为 3 m 时明显，隔水层附近水压增加也更加明显；当工作面推进至停采线处时，含水层内水压减小程度较采高为 3 m 时有所增加，位于工作面上方约 40 m 处水压出现明显增加现象，可明显看到部分水资源在采动影响下“运移”至采空区上部。以上说明：当采高增加到 5 m 时，煤层开采对隔水层产生一定影响，隔水层受到损害程度明显大于采高为 3 m 时，含水层内的部分水资源在采动影响下沿着采动裂隙向下流动，但并未进入采空区，与采高为 3 m 时相似，部分水资源在采空区上部一定距离内“汇聚”。如图 4-7 所示。

当采高为 8 m 时，工作面推进 90 m 时，采空区上方水压逐渐增大，主要位于隔水层下部，约 0.08 MPa；当工作面推进 170 m 时，煤层上方约 55 m 处水压明显增加，说明含水层内的水资源在采动影响下透过隔水层向下部岩层流动，隔水层稳定性受到破坏；当工作面推进

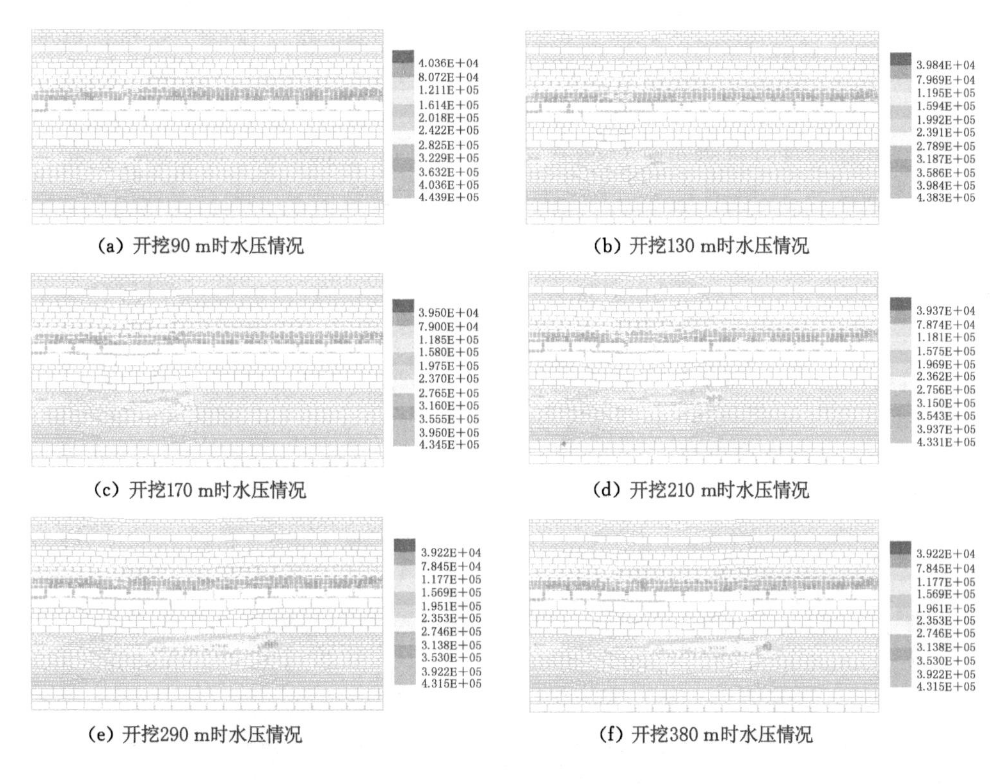

(a) 开挖90 m时水压情况　(b) 开挖130 m时水压情况

(c) 开挖170 m时水压情况　(d) 开挖210 m时水压情况

(e) 开挖290 m时水压情况　(f) 开挖380 m时水压情况

图 4-6　采高 3 m 时水资源动态变化特征(上位隔水层)

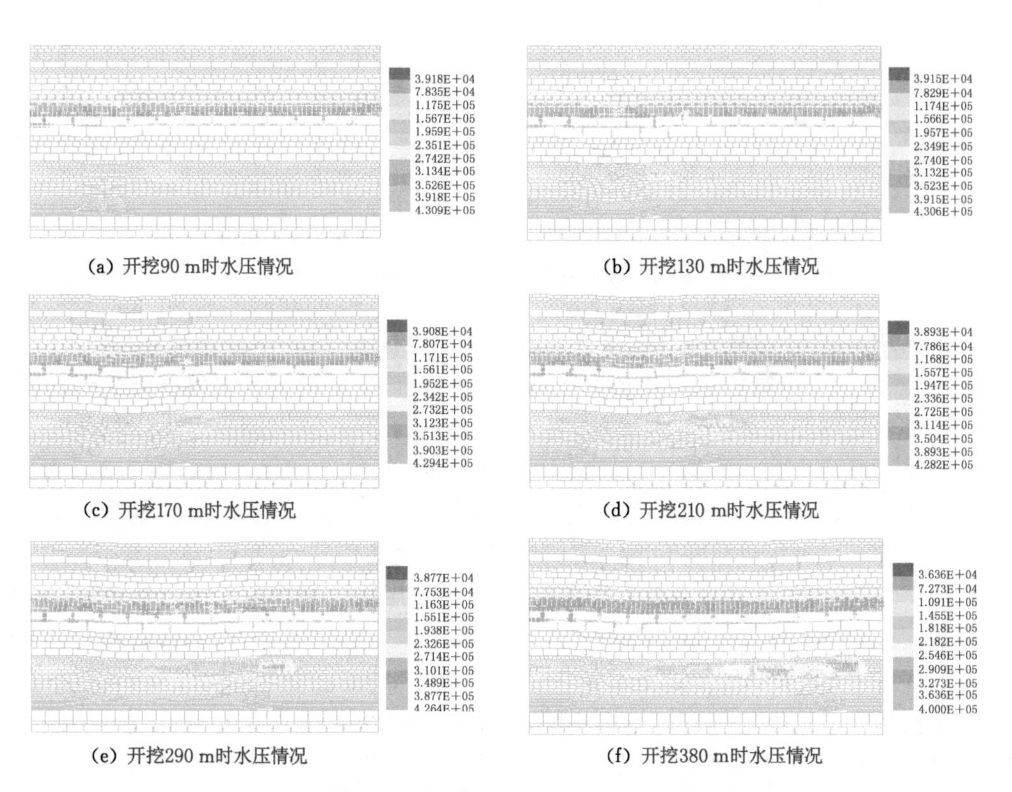

(a) 开挖90 m时水压情况　(b) 开挖130 m时水压情况

(c) 开挖170 m时水压情况　(d) 开挖210 m时水压情况

(e) 开挖290 m时水压情况　(f) 开挖380 m时水压情况

图 4-7　采高 5 m 时水资源动态变化特征(上位隔水层)

290～380 m 时，水资源流失范围越来越大，水压下降值也越来越大；随着含水层内的水压逐渐下降，含水层内水位随着工作面的推进有减小的趋势；与采高为 5 m 时相比，向下“运移”的水资源明显增多，含水层内水资源受扰动程度也有所增强。以上现象说明，随着采高的增加，隔水层受扰动程度也逐渐增加，含水层内的水资源在采高为 8 m 时受到扰动程度逐渐增强，水资源向下部岩层流失情况随着工作面的推进逐渐增加，特别是停采线上部水资源流失情况更为严重，在开切眼和停采线附近裂隙发育更加明显，其上方水压增加也较其他部位明显。如图 4-8 所示。

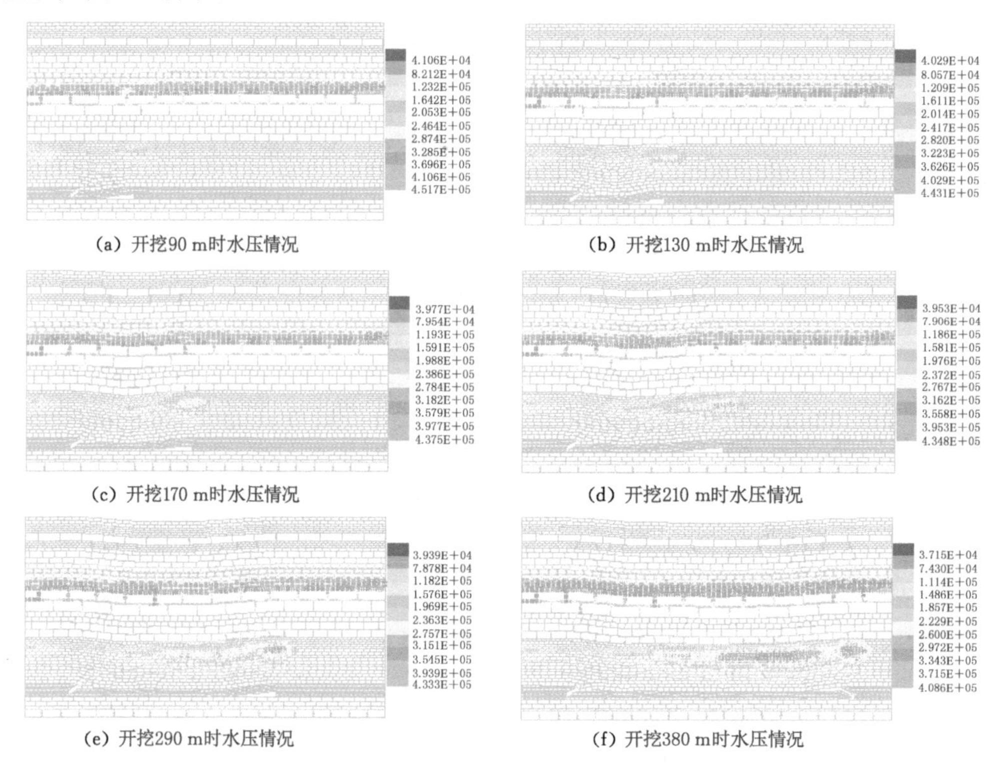

(a) 开挖90 m时水压情况　(b) 开挖130 m时水压情况

(c) 开挖170 m时水压情况　(d) 开挖210 m时水压情况

(e) 开挖290 m时水压情况　(f) 开挖380 m时水压情况

图 4-8　采高 8 m 时水资源动态变化特征(上位隔水层)

当采高增加到 10 m 时，工作面推进 60 m 时，采空区上方 30 m 左右岩层内的水压开始逐渐增大，水压增大范围扩散至模型边界，说明此时在采动影响下含水层已经受到扰动，水资源向下部岩层内移动；当工作面推进 170 m 时，隔水层处水压有明显增加现象，说明此时隔水层受采动影响形成张开裂隙，并逐渐发展成为导水通道；可以看到，在工作面上方约 60 m 处出现水压明显增加现象，随着工作面的继续推进煤层上部水压增加范围逐渐扩大，采空区上部含水层水压逐渐减小，特别是当工作面推进 210 m 左右时，含水层内水压减小程度更为明显；当工作面推进至停采线处时，基本顶岩层内出现明显水压增加现象，水压增加部分岩层长约 280 m，说明采高增加到 10 m 时含水层内大部分水资源被“运移”至下部岩层汇聚。如图 4-9 所示。

与采高为 8 m 时相比，采高为 10 m 时含水层受到更加明显的扰动，特别是当工作面推进距离大于 210 m 时，含水层内水压已经出现明显下降趋势，说明此时采动影响已经波及含水层位置，隔水层受到扰动产生裂隙，成为导水通道，导致含水层内的水资源向下流动，水

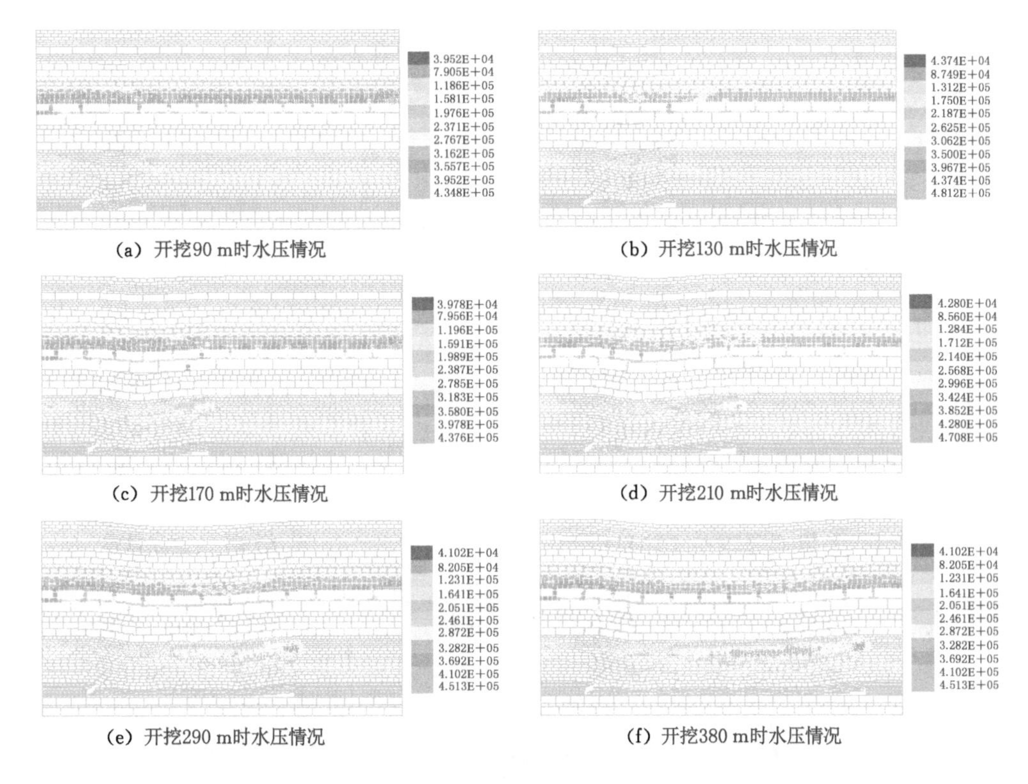

(a) 开挖90 m时水压情况　(b) 开挖130 m时水压情况

(c) 开挖170 m时水压情况　(d) 开挖210 m时水压情况

(e) 开挖290 m时水压情况　(f) 开挖380 m时水压情况

图 4-9　采高 10 m 时水资源动态变化特征(上位隔水层)

资源在向下流动的过程中由于裂隙的闭合而受阻，在煤层上部汇聚，该岩层阻止了水资源继续向采空区流动；另外，采动裂隙的重新闭合，使得隔水层尚未完全失去隔水作用，含水层内水资源虽有流失仍有大部分汇聚在原地。

通过以上分析可知，当采高增加到 10 m 时，煤炭开采对隔水层造成较严重的破坏，导致含水层内的水资源大量流失，这表明采动裂隙已经发育至隔水层位置，使隔水层隔水能力受到破坏；而随着开采的进行，工作面推过后部分裂隙重新闭合，阻止了流失的水资源继续向采空区流失；含水层内水资源因采动裂隙发生流失，水位在开采的影响下有所下降。

当采高为 15 m 时，隔水层下部未出现明显的水压增加现象，但含水层内水压随着工作面的推进逐渐减小。当工作面推进 90 m 时，隔水层附近的水压逐渐上升，随着工作面的推进又产生减小→增加→减小的交替变化，反映了采动裂隙张开和闭合的过程。当工作面推进 210 m 时，含水层内水压急剧下降，且工作面上部含水层出现下凹特征，下凹区域随着工作面向前推进不断增加。整个模型开挖过程与采高为 3 m、5 m、8 m 时水资源向隔水层下部岩层流动现象相似。当工作面推进至停采线处时，含水层内的水资源受扰动更加严重，含水层下部岩层内水压增加较其他采高时更为明显。产生这一现象的原因是在开切眼和停采线上方产生两条拉伸裂隙并破坏隔水层的完整性，降低其隔水能力，可以推测在工作面推进过程中由于裂隙发育至隔水层，隔水层产生永久性破坏，水资源沿着导水裂隙向采空区流动，并将含水层内的水资源逐渐导空。如图 4-10 所示。

以上分析说明，当采高增加到 15 m 时，采动裂隙发育至隔水层位置，且裂隙以拉伸裂隙为主，工作面推进过程中裂隙很难闭合；采动裂隙对隔水层造成严重破坏，使隔水层隔水

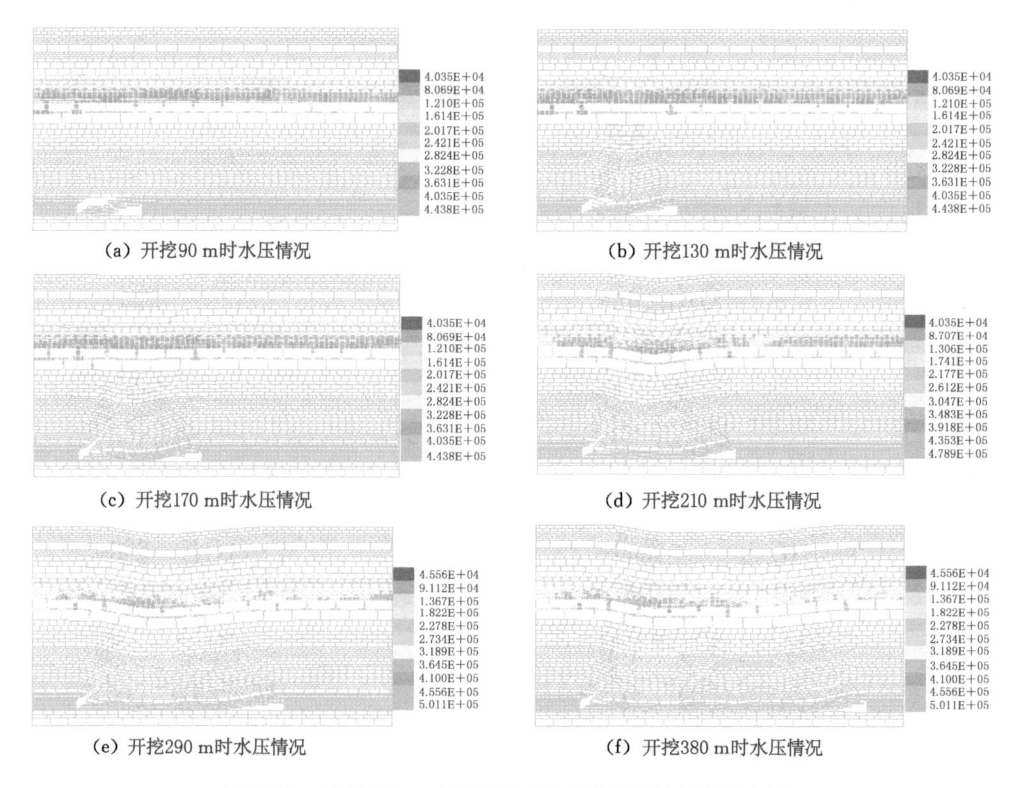

(a) 开挖90 m时水压情况　(b) 开挖130 m时水压情况

(c) 开挖170 m时水压情况　(d) 开挖210 m时水压情况

(e) 开挖290 m时水压情况　(f) 开挖380 m时水压情况

图 4-10　采高 15 m 时水资源动态变化特征(上位隔水层)

能力下降甚至失去隔水能力,含水层内的水资源沿着采动裂隙流失,造成含水层内水资源大量流失,水位下降。

当采高为 20 m 时,与采高为 15 m 情况相似,隔水层下部未出现明显的水压增加现象,但含水层内水压随着工作面的推进减小程度更加明显。当工作面推进 90 m 时,隔水层内水压在工作面上方出现上升现象,随后又产生减小→增加→减小的交替变化。工作面推进 170 m 时,含水层内水压开始下降。工作面推进 210 m 时含水层内水压急剧下降,且工作面上部含水层出现下凹特征,说明采动引起的破坏已经波及隔水层位置。在开切眼和停采线上方同样有两条拉伸裂隙,可以推测在采动过程中由于裂隙发育至隔水层,隔水层产生永久性破坏。水资源沿着裂隙向采空区流动,并将含水层内的水资源逐渐导空,这与上文分析结果相一致。与采高为 15 m 时相比,在开采结束后含水层内水资源被导空,水位下降严重。如图 4-11 所示。

以上分析说明,当采高增加到 20 m 时,采动裂隙发育至隔水层位置,且裂隙以拉伸裂隙为主,工作面推进过程中裂隙很难闭合;采动裂隙对隔水层造成严重破坏,使隔水层隔水能力下降,含水层内的水资源沿着采动裂隙流失,造成含水层内水资源大量流失,水位下降。

4.5.2　隔水层位于中部时含水层变化特征

隔水层位于中部、采高为 3 m 时,工作面开采 90 m 时含水层内水压无明显变化;当工作面推进 130 m 时,煤层与隔水层之间开始出现水压增加现象;随着工作面的继续推进,隔水层附近有水压增加现象;当工作面推进 290 m 时,煤层和隔水层之间的水压出现与含水

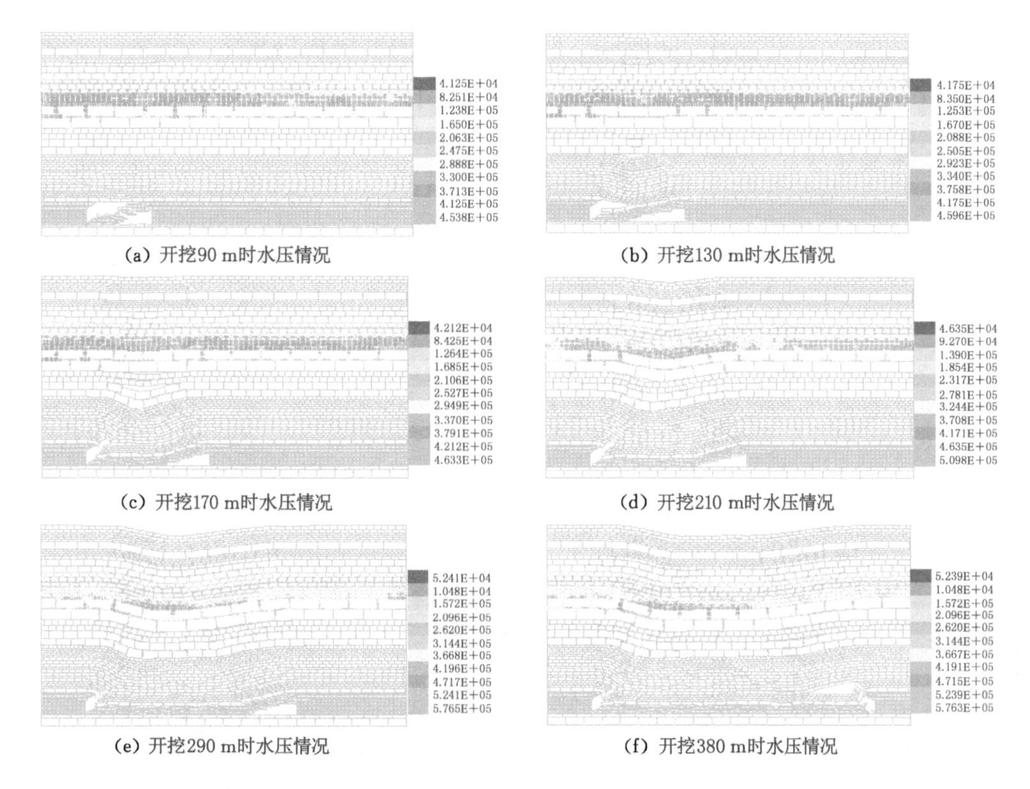

(a) 开挖90 m时水压情况　(b) 开挖130 m时水压情况

(c) 开挖170 m时水压情况　(d) 开挖210 m时水压情况

(e) 开挖290 m时水压情况　(f) 开挖380 m时水压情况

图 4-11　采高 20 m 时水资源动态变化特征(上位隔水层)

层等压现象，这说明此时有裂隙沟通含水层，导致部分水资源透过隔水层向下部岩层内流动；当工作面开采结束后，在停采线处水压变化更加明显，工作面上部约 60 m 处出现水资源汇聚区，含水层内的水资源大部分流失，但流失的水资源并未流向采空区。含水层内的水资源受扰动较小，水压未出现明显下降情况，与隔水层位于上部时相比，含水层内的水压变化幅度有所增加，隔水层附近水压增加现象更明显。综上分析可以说明，此情况下煤层开采对含水层虽有影响，但隔水层隔水能力未受明显扰动，含水层内水资源受扰动较小，流失的水资源并未大量流入采空区，在下位岩层内被阻隔。如图 4-12 所示。

当采高为 5 m 时，工作面推进 90 m 时，采空区上方出现水压增大现象，这说明含水层已经受到采动影响，部分含水层内的水资源穿过隔水层向下部岩层流动，并在煤层和含水层之间的岩层内汇聚；工作面推进 170 m 时，水资源向下流动更加明显；工作面推进 210 m 时，下渗的水资源逐渐增加，表现为煤层和隔水层之间的水压逐渐增加，水压增加的范围也逐渐扩大；当工作面推进 290 m 和推进至停采线处时，工作面上部出现一层水压明显增大区域，此时含水层内水压有所减小，隔水层内未见明显水压增大现象，这说明隔水层的隔水能力虽受到一定程度的破坏，但仍能起到保水的作用，水资源在采动影响下受到轻微扰动，总体上变化不大。综上说明，中位隔水层在采高为 5 m 时，采动裂隙会对隔水层产生一定影响，造成含水层内水资源流失，但总体上影响不大，在工作面开采结束后未造成大量的水资源破坏，水压变化不明显，含水层水位仍能保持在一定高度，所以此种情况对实施保水开采仍然有利。如图 4-13 所示。

当采高增加到 8 m 时，工作面推进 60 m 时，采空区上方约 60 m 处出现水压增加现象，

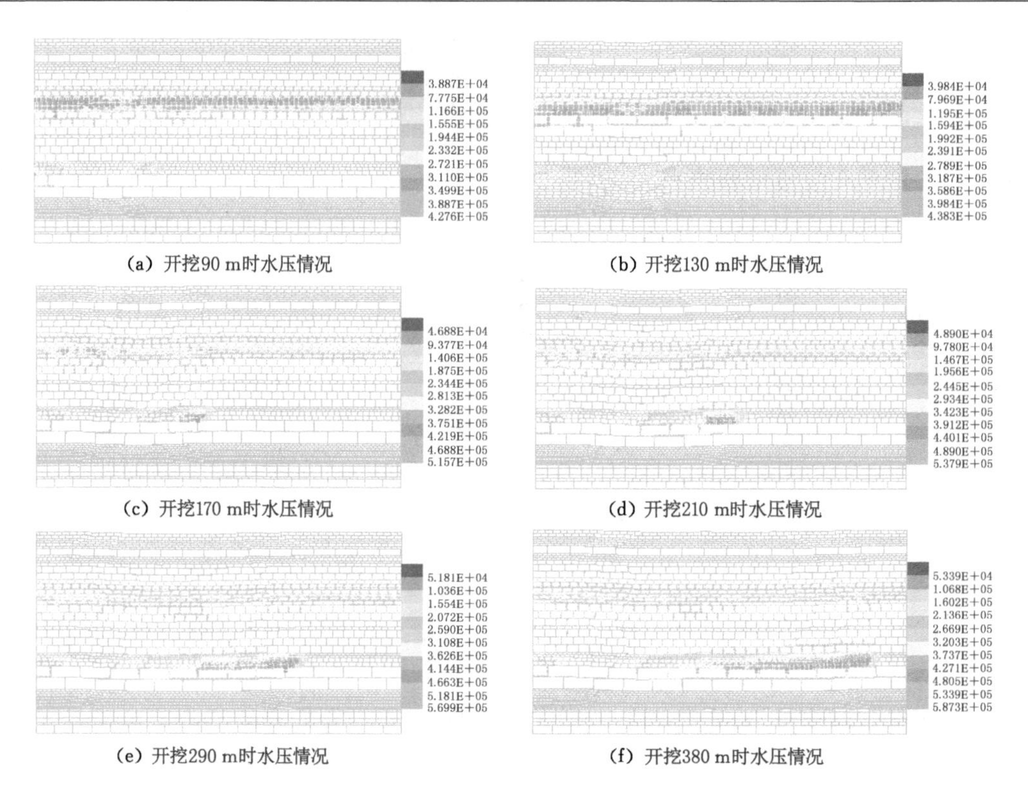

(a) 开挖90 m时水压情况　(b) 开挖130 m时水压情况

(c) 开挖170 m时水压情况　(d) 开挖210 m时水压情况

(e) 开挖290 m时水压情况　(f) 开挖380 m时水压情况

图 4-12　采高 3 m 时水资源动态变化特征(中位隔水层)

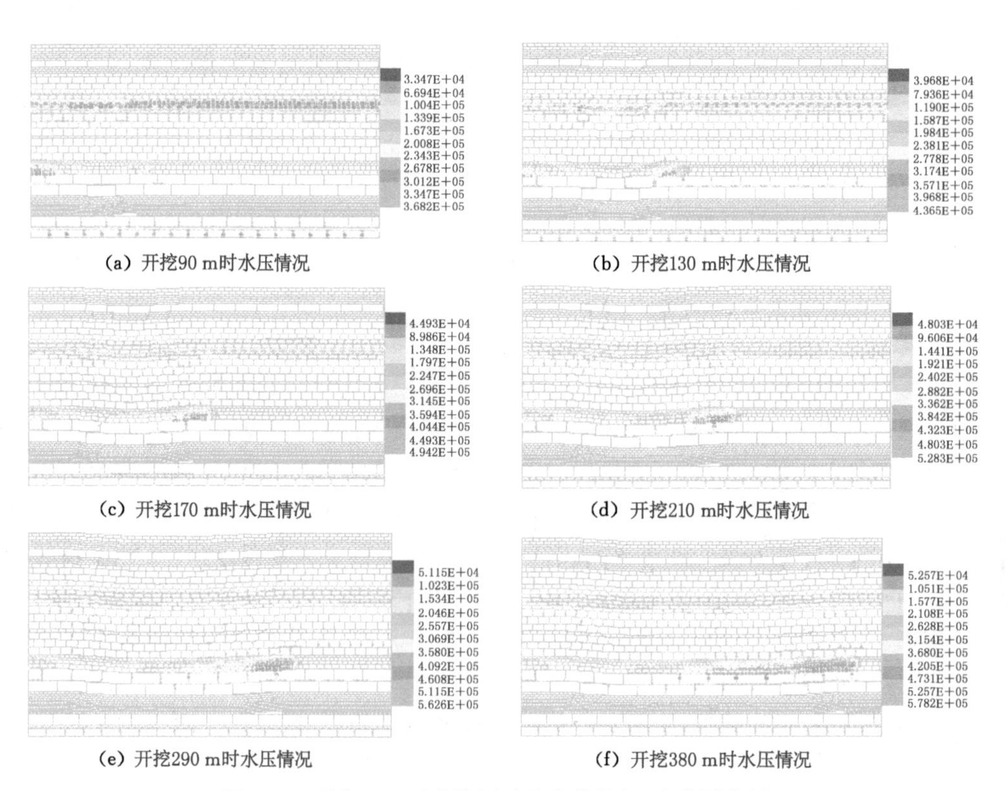

(a) 开挖90 m时水压情况　(b) 开挖130 m时水压情况

(c) 开挖170 m时水压情况　(d) 开挖210 m时水压情况

(e) 开挖290 m时水压情况　(f) 开挖380 m时水压情况

图 4-13　采高 5 m 时水资源动态变化特征(中位隔水层)

水压值为0.1 MPa；当工作面推进90 m左右时，水压增加范围扩大，这说明隔水层受到扰动，隔水层受采动影响形成采动裂隙，裂隙逐渐发育张开形成导水通道，含水层内的水资源沿着裂隙向下部岩层流动；当工作面推进210 m时，隔水层下部岩层内的水压有增加现象，并且水压增加面积逐随着工作面的继续推进逐渐增加，在工作面推进290 m和380 m时水压增加值和面积较工作面推进210 m时有明显增加，水压增加的岩层逐渐向下发展。以上分析说明，当采高增加到8 m时，隔水层受采动影响程度较采高为5 m时增加，水资源沿采动裂隙向下流动，但在煤层上方一定距离处重新汇聚在岩层内，未向采空区流动，含水层水位未产生较大范围波动，采动裂隙发育至隔水层位置，裂隙并未成为永久导水裂隙，部分裂隙随着开采的进行又重新闭合。如图4-14所示。

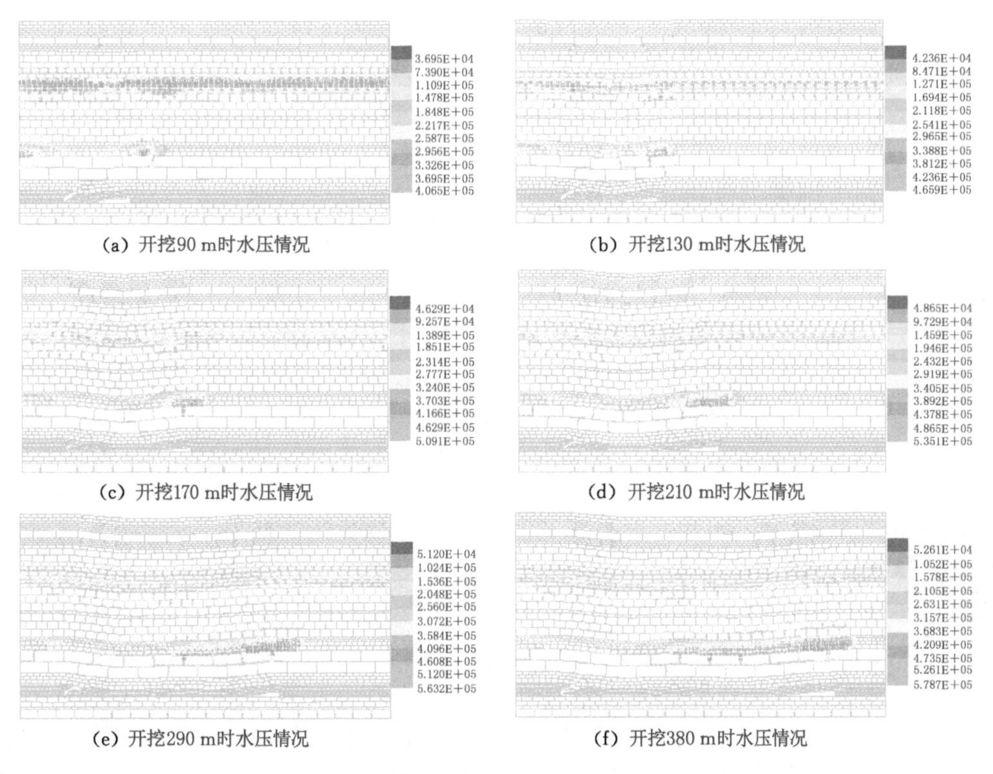

(a) 开挖90 m时水压情况

(b) 开挖130 m时水压情况

(c) 开挖170 m时水压情况

(d) 开挖210 m时水压情况

(e) 开挖290 m时水压情况

(f) 开挖380 m时水压情况

图4-14 采高8 m时水资源动态变化特征(中位隔水层)

当采高为10 m时，工作面推进60 m时，煤层和隔水层之间出现大范围的水压增加现象；当工作面推进90 m时，水压增加范围扩大且逐渐向下扩展，此时含水层内的水压基本不变；当工作面推进130 m时，含水层内水压变化明显，工作面正上方出现水压变化“突变点”；当工作面推进170 m时，含水层内和隔水层下部的水压均下降，隔水层下部水压变化范围增加；当工作面推进290 m时，工作面上方水压急剧增加；当工作面推进至停采线处时，水压变化更加明显，下渗的水资源几乎覆盖煤层和隔水层之间的所有岩层，水压增加现象更加明显，同时含水层内的水压减小明显，从而导致含水层水位下降。以上分析说明，此种情况下采动对隔水层破坏较严重，采动裂隙沟通含水层，造成大量水资源向下部岩层流动，并导致大量水资源流失，但采动对隔水层的扰动未造成永久性破坏，隔水层仍起到一定的隔水作用。如图4-15所示。

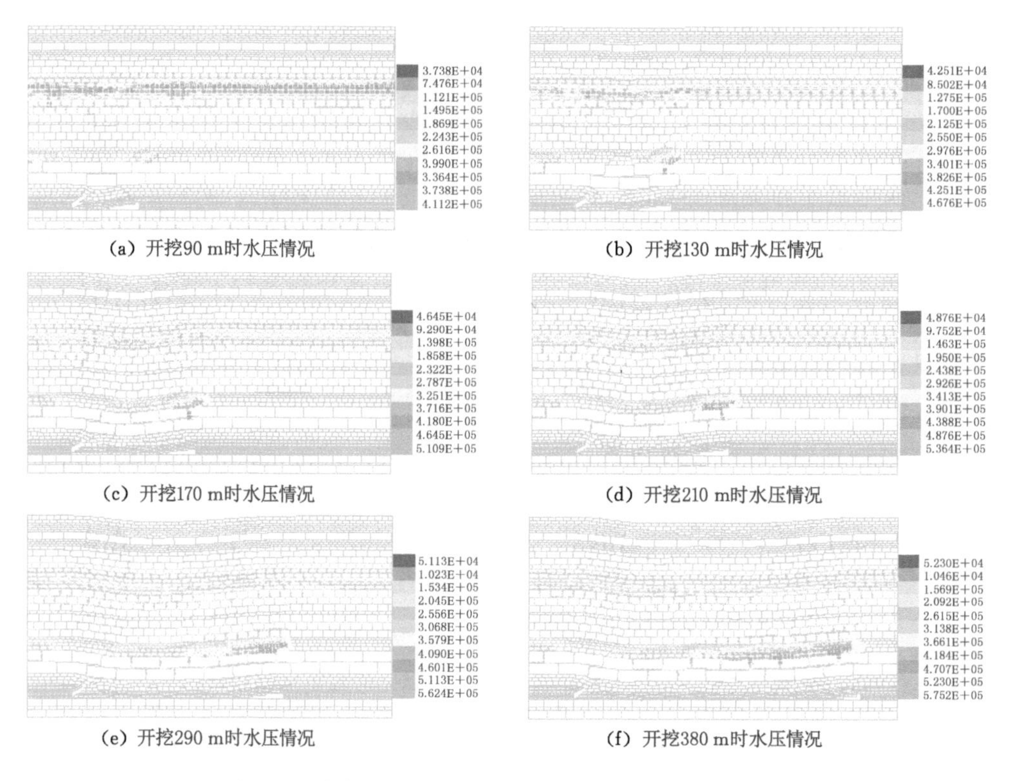

图 4-15　采高 10 m 时水资源动态变化特征(中位隔水层)

采高为 15 m 时,采动对水资源的影响主要体现在含水层水压的变化上,整个模型在开挖过程中煤层和隔水层之间未出现明显水压增加现象,随着工作面的推进采动对含水层的影响越来越明显,含水层内水压产生增大、减小交替变化;当工作面推进 130 m 时,含水层内水压出现减小情况;当工作面推进 170 m 时,含水层水压明显减小,说明此时采动对隔水层产生了一定影响;当工作面推进 210 m 时,含水层水位下降且水压下降更加明显;当工作面推进至停采线处时,采空区上部含水层内水压有上升趋势。以上分析说明,此种情况下采动裂隙对隔水层破坏严重,采动裂隙沟通含水层后成为导水裂隙,含水层内水资源在采动影响下大量流失,致使水压下降、水位降低;由于采动裂隙较发育,对隔水层造成较大程度的破坏,煤层和隔水层之间形成导水裂隙,水资源直接流入采空区,从而造成大量水资源流失。如图 4-16 所示。

采高为 20 m 时,与采高为 15 m 时相似,采动对含水层的影响主要体现在水压的变化上,随着工作面的推进水压逐渐减小,在停采线处水压基本降至零,并且水位下降严重,具体变化过程为:工作面推进 90 m 时,含水层内水压开始下降;工作面推进 210 m 时,水位下降且水压下降明显,隔水层受到严重破坏;工作面推进 290 m 和 380 m 时,含水层内水资源大量流失,只有采空区上部有部分残存水资源,含水层内大部分水资源被导空,在煤层和隔水层之间岩层内未发现水资源流动现象。采高为 20 m 时,水资源受扰动特征与采高 15 m 时相似,隔水层破坏较严重,隔水层失去隔水作用,水资源破坏严重,沿着采动裂隙向采空区流失,因此在此情况下隔水层失去隔水能力。如图 4-17 所示。

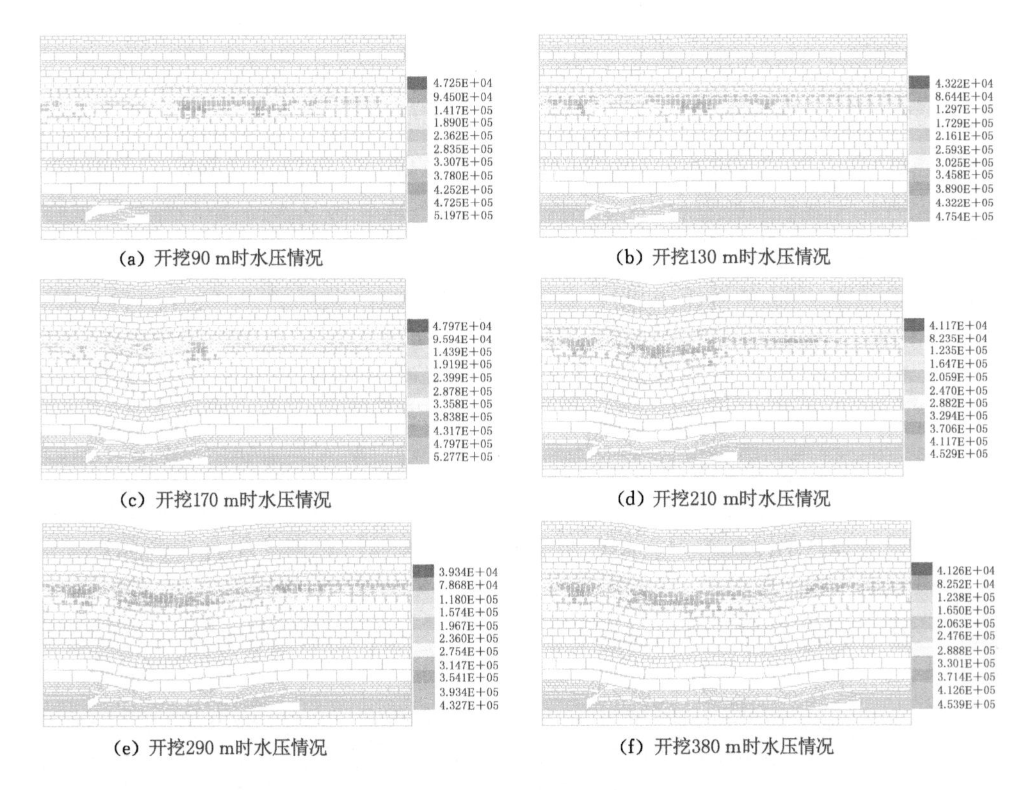

(a) 开挖90 m时水压情况　(b) 开挖130 m时水压情况

(c) 开挖170 m时水压情况　(d) 开挖210 m时水压情况

(e) 开挖290 m时水压情况　(f) 开挖380 m时水压情况

图 4-16　采高 15 m 时水资源动态变化特征(中位隔水层)

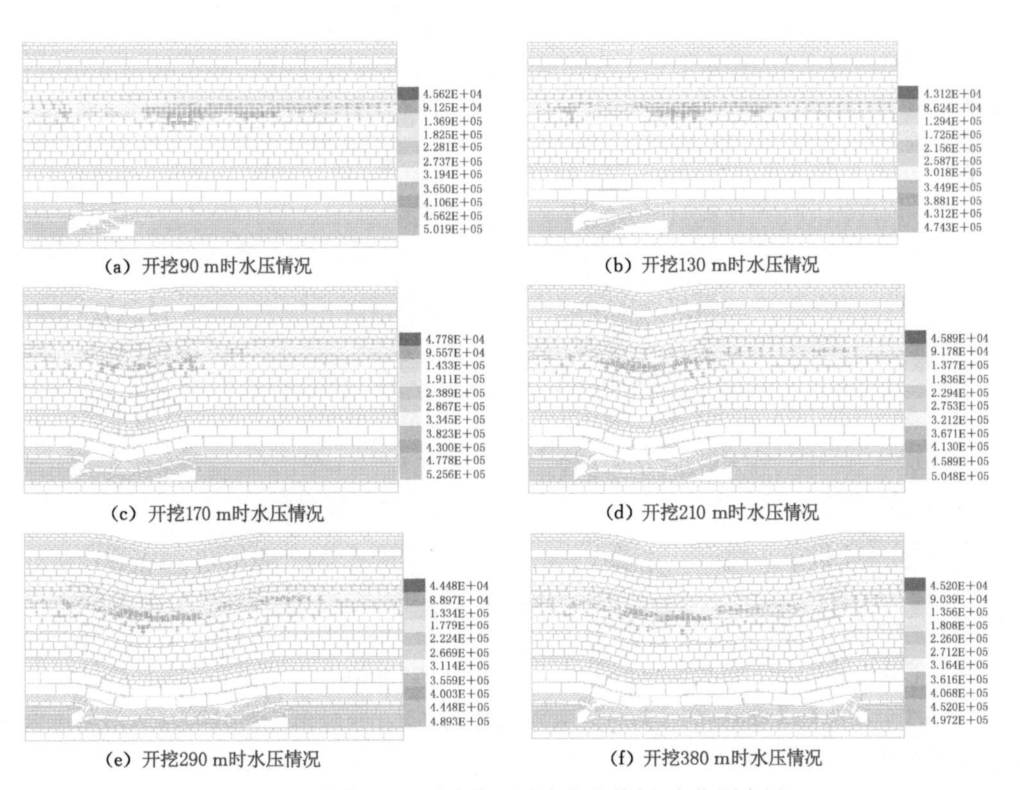

(a) 开挖90 m时水压情况　(b) 开挖130 m时水压情况

(c) 开挖170 m时水压情况　(d) 开挖210 m时水压情况

(e) 开挖290 m时水压情况　(f) 开挖380 m时水压情况

图 4-17　采高 20 m 时水资源动态变化特征(中位隔水层)

4.5.3 隔水层位于下部时含水层变化特征

隔水层位于下部时，同一采高情况下含水层受扰动在时间和空间上均早于隔水层位于上部和中部时；因隔水层与煤层距离较近，隔水层容易在开采过程中受到采动影响，隔水层一旦受到破坏甚至失去隔水能力，就会导致含水层内水资源大量流失，从而降低水资源对生态环境的供给能力。隔水层位于下部时含水层具体变化如下。

采高为 3 m 时，当工作面开采前 90 m 时，对含水层基本无影响；当工作面开采距离大于 90 m 时，隔水层上部出现微小水压增加现象，水压增加部分面积较小；当工作面推进 170 m 时，隔水层上部出现明显的水压增加现象；随着工作面的继续推进，隔水层上部水压增加现象愈加明显，含水层内水压呈现逐渐减小的变化特征；当工作面推进 210 m 时，煤层上部水压增加明显；当工作面推进至停采线处时，隔水层上部水压增加更加明显。随着工作面的推进，隔水层内也有水压增加现象，含水层内水资源大量流失，水压变化幅度自工作面推进 170 m 时已经开始明显下降。含水层内的水压，在工作面推进过程中逐渐减小，这说明含水层内的水资源不断流失，含水层水位也不断下降，从侧面说明该过程伴随着采动裂隙的张开与闭合。如图 4-18 所示。

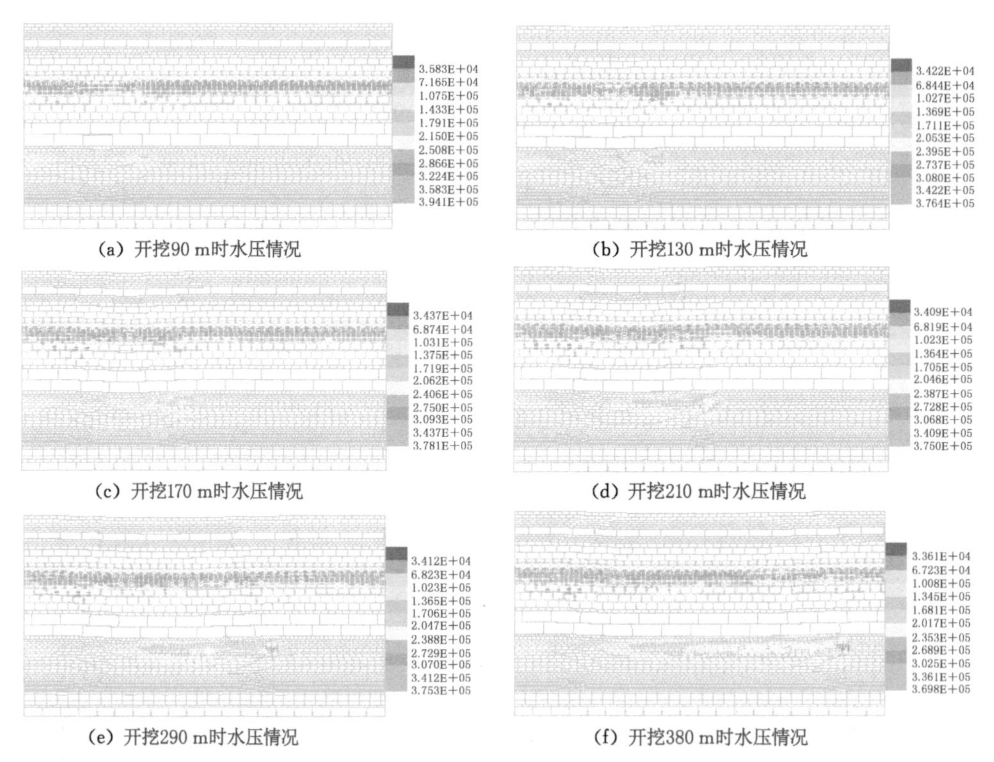

(a) 开挖90 m时水压情况　(b) 开挖130 m时水压情况

(c) 开挖170 m时水压情况　(d) 开挖210 m时水压情况

(e) 开挖290 m时水压情况　(f) 开挖380 m时水压情况

图 4-18　采高 3 m 时水资源动态变化特征(下位隔水层)

通过上述分析可知，此情况与上位隔水层和中位隔水层采高为 3 m 时对含水层的影响差别很明显。该条件下隔水层在采动影响下虽受到破坏，但对水资源仍能起到阻隔作用，向下流动的水资源基本上重新汇聚在隔水层上部，下渗水资源水压沿着工作面推进方向逐渐增加，在停采线处水压增加最大，这说明在开切眼处形成了较大的采动裂隙，导致水资源下渗后沿着裂隙向采空区流失。随着工作面的继续推进，隔水层内的部分裂隙重新闭合，阻隔了水资源的继续向下流动，而停采线处同样形成较大的拉伸裂隙，随着岩层的回转压实作用增加，该处水资源被大量运移汇聚，导致该处水压明显增加。

采高增加到 5 m 时，含水层内水压变化情况与采高为 3 m 时相似。当工作面推进 90 m 时，隔水层上部开始有水压增加现象；随着工作面的继续推进，水压增加面积也逐渐增加，并且水压增加岩层范围随着工作面的推进不断增加，水压增加最大值位置随着工作面推进而向前移动，即水压增加最大值位置基本处在工作面斜上方。具体含水层受扰动情况如下：当工作面推进 90 m 时，工作面上方含水层内水压开始有下降趋势；当工作面推进 130 m 时，含水层内水压出现明显下降现象，隔水层在采动影响下出现明显下沉；当工作面推进 210 m 时，含水层内水压降至 0.01 MPa，隔水层和含水层之间的岩层内均有水压增加现象；当推进至停采线处时，隔水层上方水压增加更加明显，且水压增加的区域面积变大，隔水层内也有水压变大现象。如图 4-19 所示。

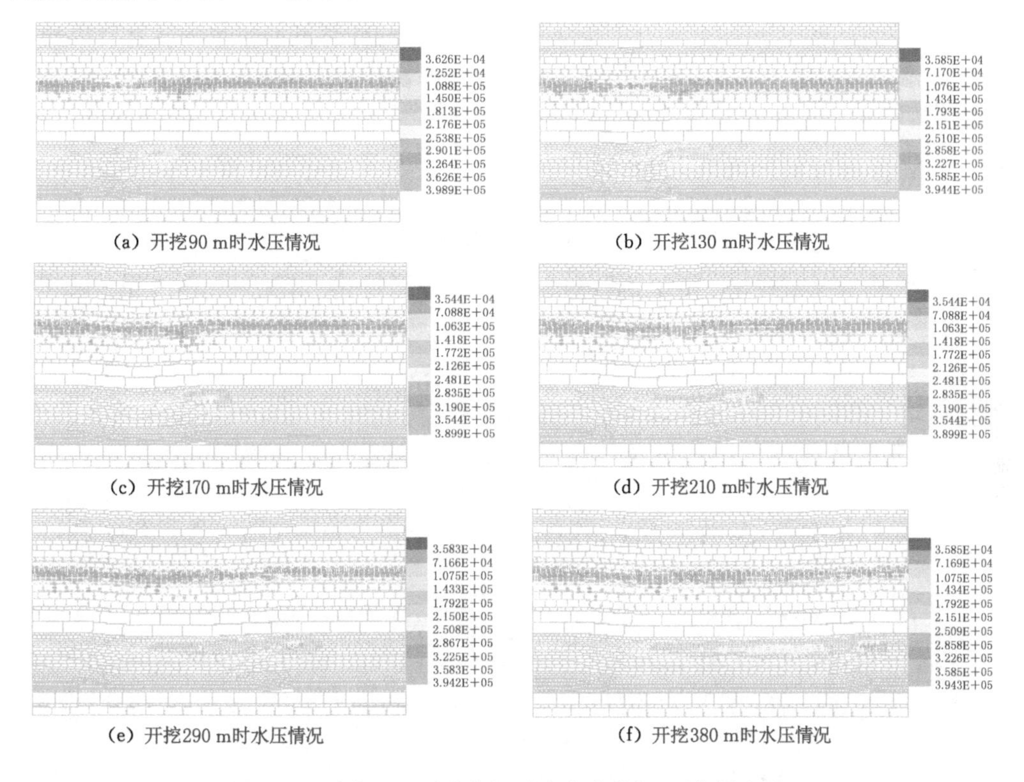

(a) 开挖90 m时水压情况　　(b) 开挖130 m时水压情况

(c) 开挖170 m时水压情况　　(d) 开挖210 m时水压情况

(e) 开挖290 m时水压情况　　(f) 开挖380 m时水压情况

图 4-19　采高 5 m 时水资源动态变化特征(下位隔水层)

通过上述分析可知，采高为 5 m 时，采动对隔水层的破坏程度较 3 m 时有所增加，同时采动对隔水层未造成永久性破坏，工作面推进过程中隔水层仍然能起到隔水的作用；采动裂隙破坏隔水层并沟通含水层，导致含水层内水资源向下部岩层流动，由于下部岩层隔水性能较差，所以隔水层和含水层之间岩层出现水压增加现象。当水资源下渗至隔水层位置后，隔水层阻隔了水资源的继续下渗，水资源在隔水层上部汇聚，从而降低了水资源的下渗速度和流量；随着工作面的继续推进，采动裂隙对隔水层造成了一定程度的破坏，降低了隔水层的隔水能力，使“汇聚”在隔水层上部的水资源向下部岩层流动，部分水资源沿着裂隙向采空区流失，工作面推过后裂隙重新闭合，从而隔水层上部水压呈现层序性变化状态。

当采高增加到 8 m 时，含水层内水压变化与采高为 3 m、5 m 时相比更加明显，且在工作面推进距离相同情况下水压变化也更明显。当工作面推进 90 m 左右时，隔水层上部水压开始出现增加现象，并且随着工作面的不断推进水压增加现象更加明显，此时含水层受扰动现象也更加明显，但水压无明显变化，说明此时采动裂隙对隔水层产生了一定影响，造成隔水层隔水能力下降；当工作面推进 130 m 时，含水层内水压下降至 0.2 MPa，说明受采动影响含水层水位下降较严重，另外，隔水层上部水压增加明显，水资源在隔水层附近重新“汇聚”，隔水层阻挡了水资源的进一步下渗；随着工作面继续推进，隔水层上部水压越来越大，水压增加岩层的面积也越来越大；当工作面推进 210 m 时，隔水层内也出现水压增加现象，说明此时隔水层受采动影响发生破坏，隔水能力受到破坏、水资源渗入隔水层；当工作面推进至停采线处时，水压增加幅度较采高为 5 m 时有所减小，水压增加面积也减小，说明此时有水资源流入采空区，隔水层隔水能力受到一定程度的破坏。以上分析说明，随着开采进行，裂隙发育至含水层后水资源下渗受到阻隔作用较小，导致大量水资源沿着裂隙向下流动，下位隔水层受到破坏较早，隔水能力下降但仍能起到隔水作用，下渗的水资源流至隔水层处重新被阻隔。如图 4-20 所示。

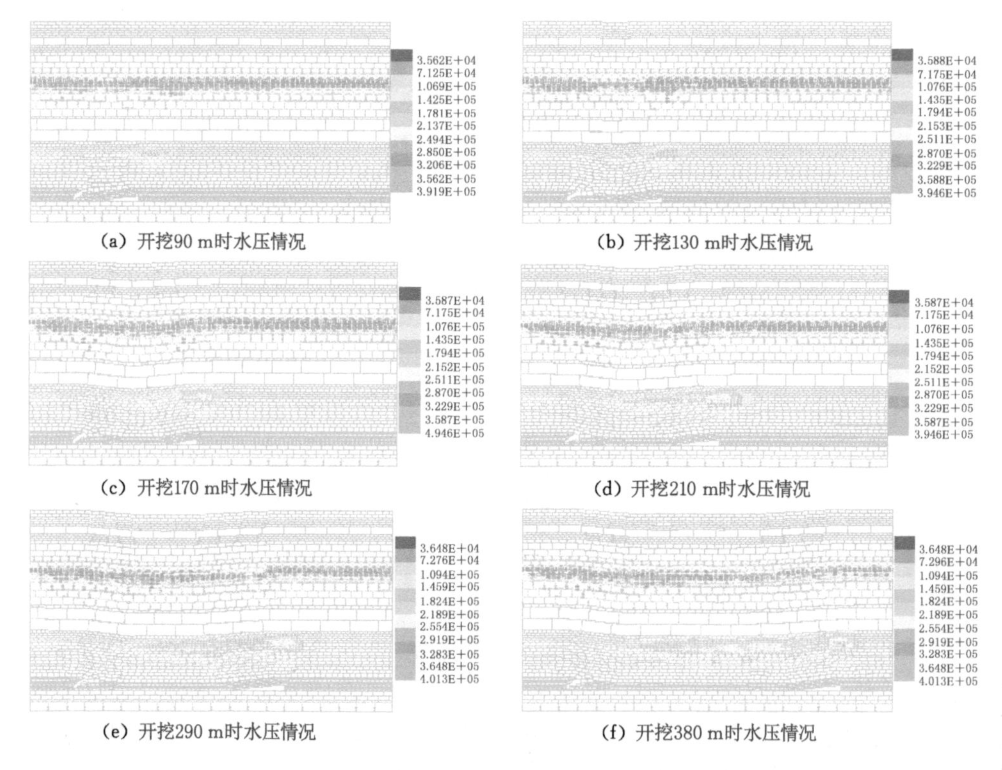

(a) 开挖90 m时水压情况　(b) 开挖130 m时水压情况

(c) 开挖170 m时水压情况　(d) 开挖210 m时水压情况

(e) 开挖290 m时水压情况　(f) 开挖380 m时水压情况

图 4-20　采高 8 m 时水资源动态变化特征(下位隔水层)

采高为 10 m 时水资源变化规律与采高为 8 m 时相似，在工作面推进至相同位置时，水压变化值较采高为 8 m 时小，但含水层水压减小程度较采高为 8 m 时明显；当工作面推进 90 m 时，隔水层上部有水压增加现象；当工作面推进 130 m 时，隔水层整体垮落，导致开切眼上部水压减小程度增加，说明此时水资源沿着采动裂隙流入采空区，而工作面正上方水压增加，隔水层内部水压增加，该处隔水层内裂隙发育程度加剧，但裂隙未对隔水层造成永久性破坏；当工作面推进 210 m、290 m 以及推进至停采线处时，工作面上方水压持续增加，水压增加的岩层面积也随着增大，隔水层和含水层之间岩层内均出现水压变大现象。对于含水层内的水压变化情况，当工作面推进 130 m 时水压减小明显，当工作面推进 210 m 后水压大幅降低，这说明煤层开采对含水层造成了破坏性扰动。含水层内水压变化可表征含水层水位的变化规律，说明此情况下煤炭开采将造成含水层水位的下降，从而对矿区水资源承载力造成影响。如图 4-21 所示。

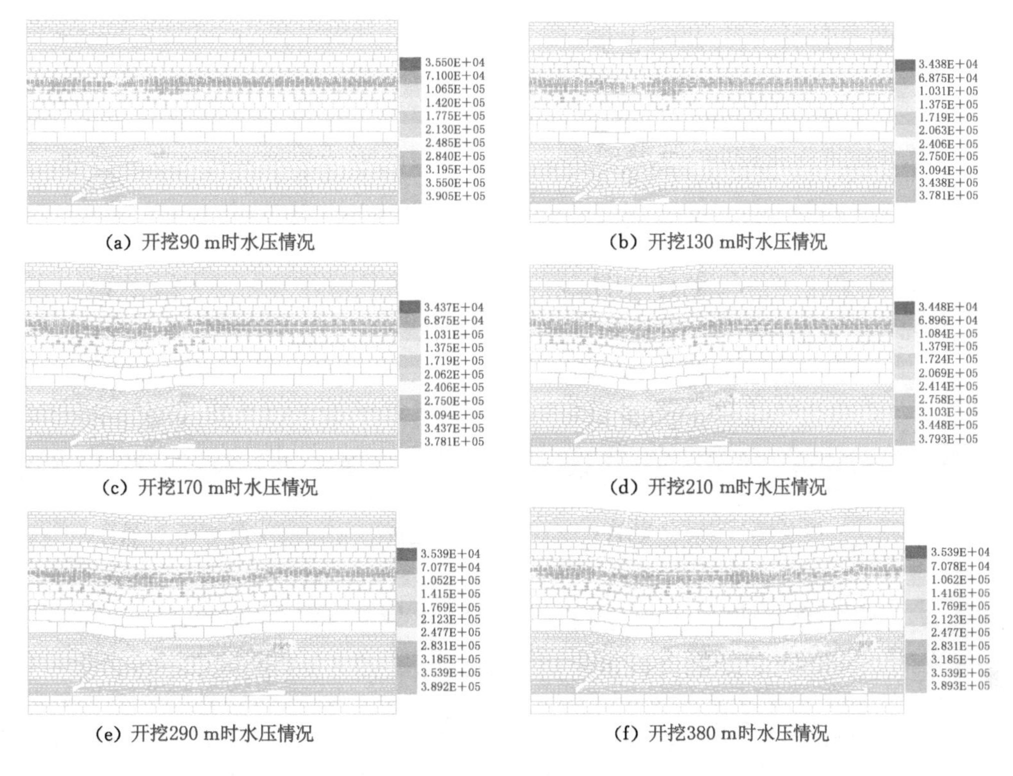

(a) 开挖90 m时水压情况　(b) 开挖130 m时水压情况

(c) 开挖170 m时水压情况　(d) 开挖210 m时水压情况

(e) 开挖290 m时水压情况　(f) 开挖380 m时水压情况

图 4-21　采高 10 m 时水资源动态变化特征(下位隔水层)

综上分析可知，当采高为 10 m 时，采动裂隙对隔水层和含水层造成的破坏程度加剧，含水层内水资源大量流失，在隔水层受到损害后水资源向采空区流动；随着工作面的推进，含水层内水压部分恢复，说明隔水层内产生的裂隙部分闭合，重新起到隔水作用；在含水层补给作用下，含水层、隔水层上部的水压逐渐恢复。当开采结束后，隔水层上部部分水资源被阻隔，阻碍了水资源进一步下渗至采空区。

当采高增加至 15 m 时，与前几种采高相比煤炭开采作用对含水层的扰动明显加强，表现为水压的大幅度降低。当工作面推进 90 m 时，含水层内水压受采动影响而降低，但未向下部岩层流动；当工作面推进 170 m 时，隔水层附近有明显裂隙产生，在开切眼处形成明显的采动裂隙，含水层内水压下降明显；当工作面推进 210 m 时，含水层水压较推进 170 m 时有回升趋势，含水层内水压在工作面上方产生“部分堆积”式变化；当工作面推进至停采线处时，工作面正上方水位下降，含水层内水压产生间隔式变化，水资源向相邻岩层流动，含水层下部岩层内部分水压增加至 0.3 MPa，开切眼和停采线上部含水层内部分水压下降至

0.01 MPa。总体上，隔水层和含水层之间的岩层未出现明显的水压增加现象，说明采动裂隙较发育，含水层内水资源沿采动裂隙向下流动，因此在其他岩层内未发现明显水压增加现象；开采过程中部分裂隙发育后又重新闭合，导致含水层下部岩层出现水压增加现象。如图 4-22 所示。

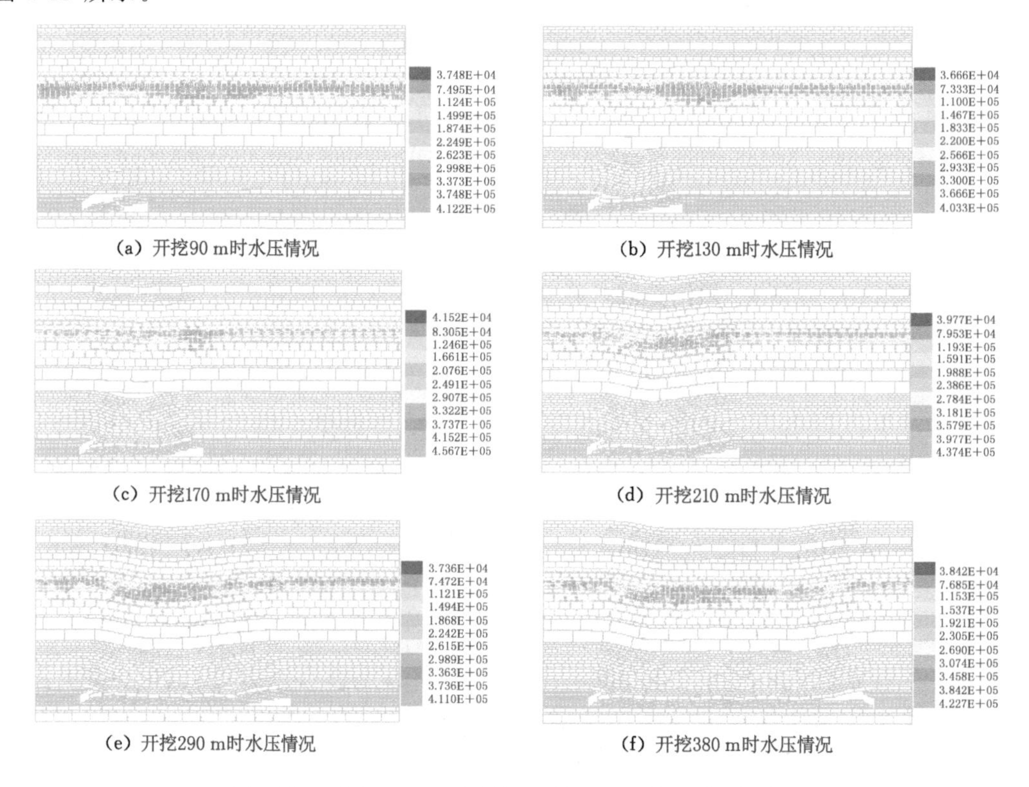

(a) 开挖90 m时水压情况　　(b) 开挖130 m时水压情况

(c) 开挖170 m时水压情况　　(d) 开挖210 m时水压情况

(e) 开挖290 m时水压情况　　(f) 开挖380 m时水压情况

图 4-22　采高 15 m 时水资源动态变化特征(下位隔水层)

当采高增加到 20 m 时，水压变化规律与采高为 15 m 时相似，不同的是在相同推进距离情况下含水层内水压减小更加明显。当工作面推进 170 m 时对含水层扰动明显增加，含水层下部岩层内水压出现增加现象，水压增加的岩层面积较采高为 15 m 时增加；当工作面推进 210 m 时，位于工作面上方、与含水层相邻下部岩层内水压增加，含水层其他部分水压降低；当工作面推进至停采线处时，含水层内水压降低程度较采高为 15 m 时大，含水层内水资源流失严重，基本上被导空。以上分析说明，该情况下采动对含水层影响较大，导致大部分水资源流失，由于采高较大，裂隙发育高度和对隔水层的破坏程度更加严重，隔水层失去对水资源的阻隔能力，水资源主要沿着裂隙向采空区流动，从而导致含水层水压降低、水位下降。如图 4-23 所示。

通过上述对不同隔水层位置条件下水压变化规律分析可知，隔水层位置对含水层内水资源的影响具有明显的时间和空间效应：煤层距隔水层越近，隔水层受到破坏的时间在同等采高条件下越早，含水层受到的扰动情况越明显，采动造成水位下降越严重；采高对含水层的影响规律呈现线性增加趋势，隔水层位置一定时，随着采高的增加，含水层破坏程度越严重。在工作面推进至停采线处时，不同条件下含水层内水压呈现不同的特征。

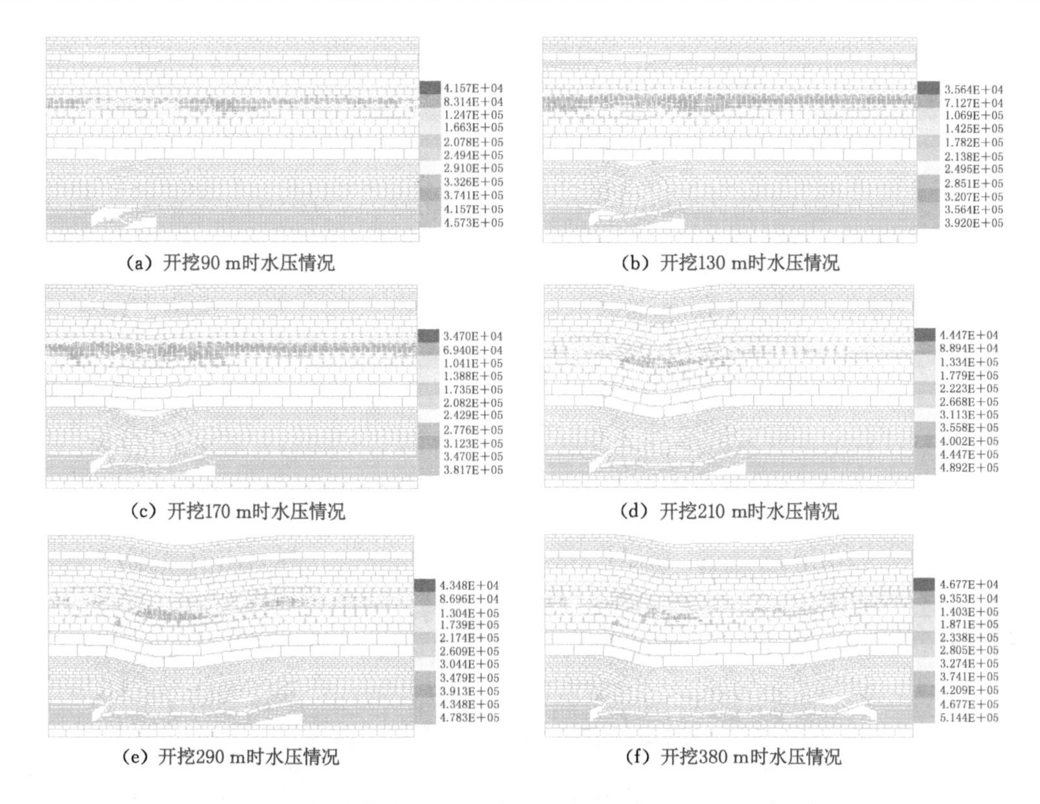

(a) 开挖90 m时水压情况　(b) 开挖130 m时水压情况

(c) 开挖170 m时水压情况　(d) 开挖210 m时水压情况

(e) 开挖290 m时水压情况　(f) 开挖380 m时水压情况

图 4-23　采高 20 m 时水资源动态变化特征(下位隔水层)

4.5.4　不同采高及煤水赋存关系条件下含水层扰动特征分析

通过上述对不同采动影响情况下水资源被扰动特征分析可知,地质条件和采高不同含水层的扰动特征也不同,隔水层位置对含水层的扰动影响具有时间效应,采高对含水层的影响主要体现在采动裂隙发育程度对隔水层隔水能力的破坏程度上,以及在不同采高条件下含水层内水资源的变化规律上。为更清晰地分析不同情况下采动对含水层的影响特征,将不同情况下工作面推进至停采线处水资源状态进行对比分析,其结果见表 4-8。

表 4-8　不同情况下水资源受扰动特征

采高/m	隔水层位置		
	上位	下位	中位
3	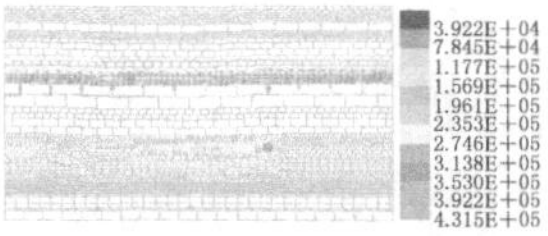	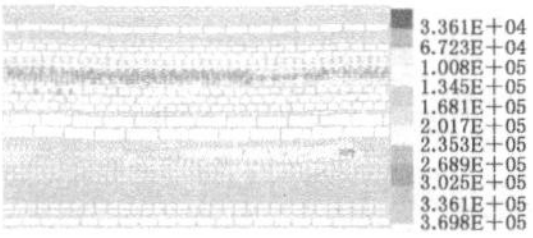	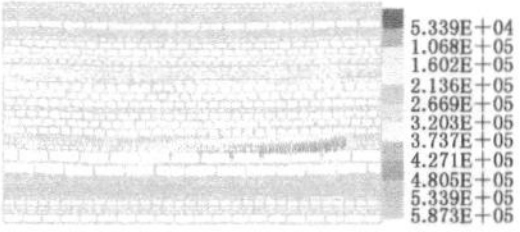
5	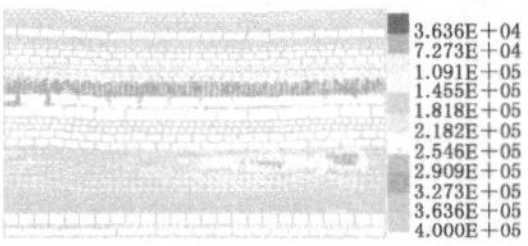	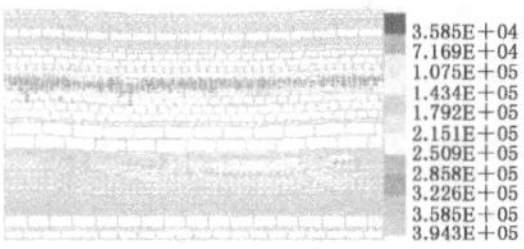	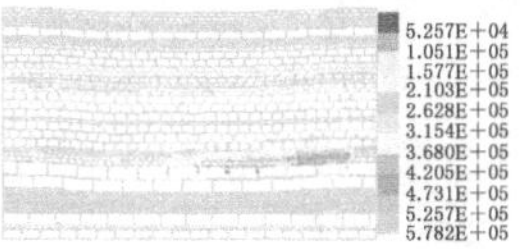

表 4-8(续)

采高/m	隔水层位置		
	上位	下位	中位
8	3.715E+04 7.430E+04 1.114E+05 1.486E+05 1.857E+05 2.229E+05 2.600E+05 2.972E+05 3.343E+05 3.715E+05 4.086E+05	3.648E+04 7.296E+04 1.094E+05 1.459E+05 1.824E+05 2.189E+05 2.554E+05 2.919E+05 3.283E+05 3.648E+05 4.013E+05	5.261E+04 1.052E+05 1.578E+05 2.105E+05 2.631E+05 3.157E+05 3.683E+05 4.209E+05 4.735E+05 5.261E+05 5.787E+05
10	4.102E+04 8.205E+04 1.231E+05 1.641E+05 2.051E+05 2.461E+05 2.872E+05 3.282E+05 3.692E+05 4.102E+05 4.513E+05	3.539E+04 7.078E+04 1.062E+05 1.416E+05 1.769E+05 2.123E+05 2.477E+05 2.831E+05 3.185E+05 3.539E+05 3.893E+05	5.230E+04 1.046E+04 1.569E+05 2.092E+05 2.615E+05 3.138E+05 3.661E+05 4.184E+05 4.707E+05 5.230E+05 5.752E+05
15	4.556E+04 9.112E+04 1.367E+05 1.822E+05 2.278E+05 2.734E+05 3.189E+05 3.645E+05 4.100E+05 4.556E+05 5.011E+05	3.842E+04 7.685E+04 1.153E+05 1.537E+05 1.921E+05 2.305E+05 2.690E+05 3.074E+05 3.458E+05 3.842E+05 4.227E+05	4.126E+04 8.252E+04 1.238E+05 1.650E+05 2.063E+05 2.476E+05 2.888E+05 3.301E+05 3.714E+05 4.126E+05 4.539E+05
20	5.239E+04 1.048E+04 1.572E+05 2.096E+05 2.620E+05 3.144E+05 3.667E+05 4.191E+05 4.715E+05 5.239E+05 5.763E+05	4.677E+04 9.353E+04 1.403E+05 1.871E+05 2.338E+05 2.806E+05 3.274E+05 3.741E+05 4.209E+05 4.677E+05 5.144E+05	4.520E+04 9.039E+04 1.356E+05 1.808E+05 2.260E+05 2.712E+05 3.164E+05 3.616E+05 4.068E+05 4.520E+05 4.972E+05

由表 4-8 可以看到，不同情况下在开采结束后含水层受到扰动状态有很大差别，采高和隔水层位置对含水层受扰动特征影响非常明显，含水层内水资源受扰动程度随着采高和煤水赋存关系的变化而变化，同时也说明不同采动裂隙对隔水层的破坏程度和高度表现出很大不同，分别对采高和隔水层位置两个变换条件进行分析。

当采高相同时，隔水层位置对含水层的影响处于主导地位，隔水层距离煤层越远，对含水层的保护越好，含水层水资源破坏程度越低，随着煤层和隔水层之间距离的减小，含水层受扰动程度逐渐增加，水资源流失加剧；当隔水层处于下位时，开采结束后含水层内水资源被大量破坏，特别是采高增加到 10 m 以上时，隔水层基本上失去隔水能力，水资源向采空区大量流失；当采高≤10 m 时，在煤层上部均出现一层水资源汇聚区，隔水层位于下部时，该岩层内水压最大，其次为上位隔水层，水压最小的为中位隔水层；当采高增加到 15 m 时，由于采高增加、采动裂隙对含/隔水层破坏严重，水资源沿着采动裂隙向采空区大量流失，隔水层基本失去隔水能力，因此在含水层以外岩层内基本上未出现水压增加现象，主要表现在含水层内水压变化上，此时隔水层位置对水资源的影响基本相似，均出现水压降低现象；采高为 20 m 时水压下降更加明显。

当隔水层位置相同时，采高对隔水层的扰动占主导地位，总体上随着采高的增加含水层受扰动程度增加，水资源流失加剧；隔水层位于上部和中部时，含水层内水压随着采高增加而减小，隔水层位于下部时，开采结束后含水层内受扰动较严重，水资源在采高≤10 m 时遍布隔水层和含水层之间的所有岩层；采高≤10 m 时，受采动和隔水层影响，含水层下部出现新的水资源汇聚区域，下渗的水资源在该岩层内重新汇聚，一定程度上相当于含水层被“运移”至该岩层内并被部分储存；隔水层位置不同情况下，当采高增加到 15 m 时，隔水层被导通，隔水层在此时基本上完全失去隔水能力，含水层受到严重破坏，大量水资源向采空区流动，证明此时裂隙发育已经破坏隔水层，采动裂隙沟通含水层和采空区，成为水资源流失通道，因此在其他岩层内未出现明显水压变化现象。

为了验证模拟结果的合理性，在伊犁四矿首采区工作面（采高为 5 m，上位隔水层）上方布置了水位监测孔，用于监测工作面推进过程中水位变化特征，观测孔位于工作面上方，在工作面开采过程中进行了 216 d 的监测，钻孔位置及监测结果如图 4-24 所示。由图 4-24 可以看出，水位变化规律与模拟结果一致，水位变化规律为下降和升高交替出现。为进一步检验模拟结果的精度，将模拟水压值换算为相应的水位值，选取采高为 5 m、隔水层位于上部时模拟结果与实测值进行对比，模拟监测点位置与工作面水位监测孔位置相同，计算模拟值和实测值误差，误差范围在 0.1%～9.61%之间，在误差允许范围之内，说明模拟结果符合现场实际情况。

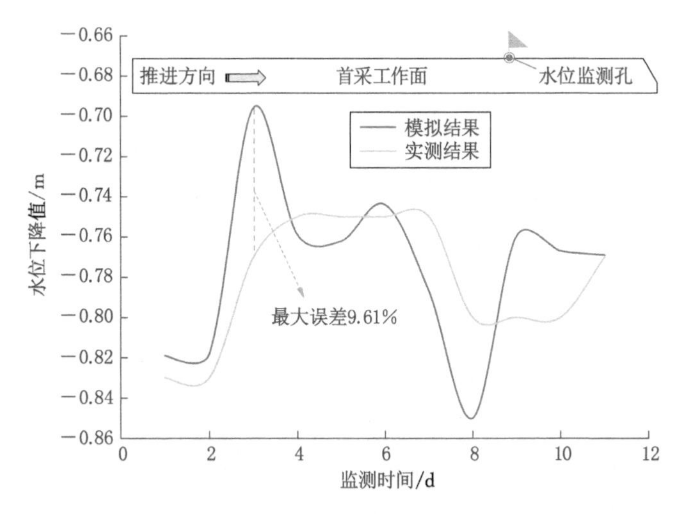

图 4-24　水位变化对比及误差分析

由上述分析结果可知，采动影响下引起含水层破坏的一个主要标志是含水层水压的大幅度变化，即当水压发生升高和降低连续变化时，表明含水层受到采动影响而变化。对每个模型开采过程中含水层受到破坏时的水压（P）进行统计，进一步计算 P 与相应的采高（H）的比值（P/H），计算结果如图 4-25 所示。

从图 4-25 中可以看出，随着采高的增加，P/H 总体上均呈现上升趋势，隔水层位置不同时曲线上升趋势有很大不同：当隔水层位于下部时，采高＜10 m 时，P/H 一直处于较稳定状态，采高＞10 m 以后，P/H 急剧增加，且在相同采高情况下 P/H 大于上位和中位隔水层时的情况；当隔水层位于中部时，P/H 变化值介于上位隔水层和下位隔水层的数值之间，当采高增加到 15 m 时，P/H 下降，随后又呈现上升趋势；当隔水层位于上部时，P/H 基本上大于其他两种情况，曲线呈现缓慢上升状态。

在不同隔水层位置下，采取不同采高进行开采，若超过 P/H 所限制的数值则会对含水层造成破坏，需要降低采高进行开采。因此，在实际生产过程中，可首先对矿区内的隔水层位置进行分类，然后在开采过程中监测含水层内水压变化，同时监测水压变化与采高之比，得到 P/H，再判断采动是否会破坏含水层，最终确定采高。

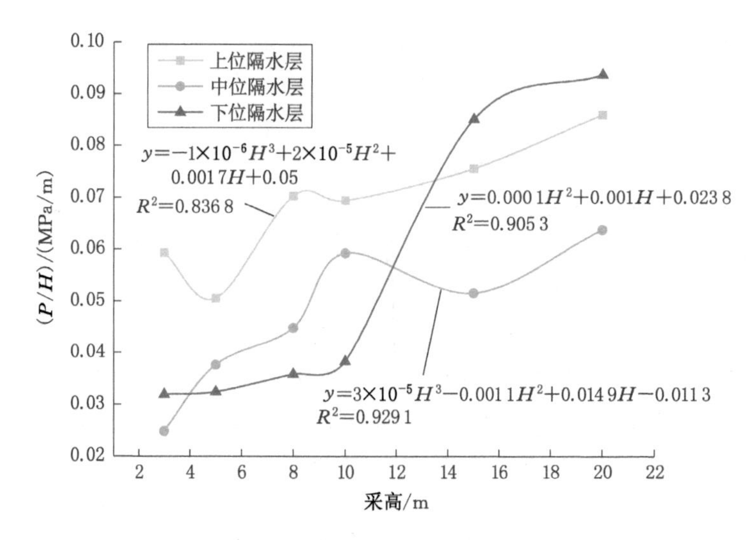

图 4-25　不同隔水层位置及采高条件下 P/H 变化规律

5 矿区水资源承载力量化分析及实例验证

实现评价结果的量化分析，是学术界重视的问题之一，也是依据评价结果进行相关决策的重要步骤。对各指标进行量化计算是研究矿区水资源承载力状态的基础内容，选取合理的量化分析方法和建立普适性量化方程是关键环节。前文已对矿区水资源承载力影响因素进行了研究并做了定性分析，本章需要解决的问题是正确、合理地确定各个影响因素的隶属函数、影响因素的权重等。基于以上问题，本章采用模糊综合分析法相关理论对矿区水资源承载力各评价指标进行量化分析，基于理论分析结果以及数值模拟结果，依据影响因子的特点、单因素和多因素隶属函数确定原则，构建矿区水资源承载力影响因子的隶属函数，并计算影响因子权重，进而对矿区水资源承载力进行量化分析。

5.1 隶属函数的确定原则

5.1.1 单因素隶属函数的确定方法

模糊集合的概念由查德于 1965 年提出，对模糊事物和模糊现象以及所反映的模糊概念进行了系统的、科学的解释。实际上我们周围的很多事物和现象都是模糊不清的，无法用确切的语言或者数字对其进行描述，并非所有的事物均是“非此即彼”，在适当的地方也可为“亦此亦彼”，概括而言，相对性是模糊概念在一定时空条件下的基本特性[219]。自模糊概念被提出和使用以来，隶属度和隶属函数的确定有很多方法。对于单因素隶属函数，通常使用 F 分布法进行确定，目前较常用的 F 分布隶属函数形式如表 5-1 所示。

表 5-1 单因素 F 分布隶属函数确定原则

分布形式	函数性质	函数	分布图形
矩形与半矩形分布	偏小型	$A(x)=\begin{cases}1 & x\leqslant a\\0 & x>a\end{cases}$	1 0 a x
	偏大型	$A(x)=\begin{cases}0 & x<a\\1 & x\geqslant a\end{cases}$	1 0 a x

表 5-1(续)

分布形式	函数性质	函　　数	分布图形
矩形与半矩形分布	中间型	$A(x)=\begin{cases}0 & x<a \\ 1 & a\leqslant x<b \\ 0 & b\leqslant x\end{cases}$	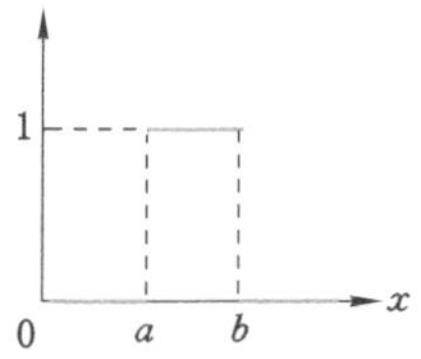
半梯形与梯形分布	偏小型	$A(x)=\begin{cases}1 & x<a \\ \dfrac{b-x}{b-a} & a\leqslant x\leqslant b \\ 0 & b<x\end{cases}$	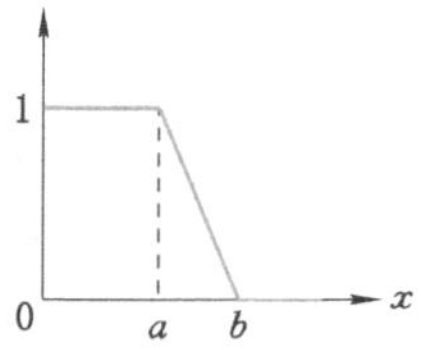
	偏大型	$A(x)=\begin{cases}0 & x<a \\ \dfrac{x-a}{b-a} & a\leqslant x\leqslant b \\ 1 & b<x\end{cases}$	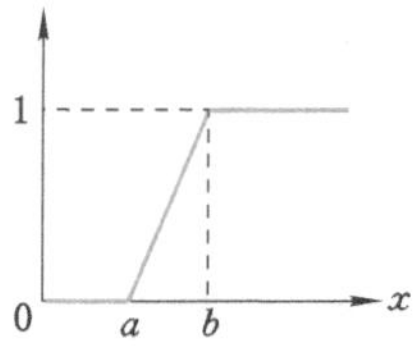
	中间型	$A(x)=\begin{cases}0 & x<a \\ \dfrac{x-a}{b-a} & a\leqslant x<b \\ 1 & b\leqslant x<c \\ \dfrac{d-x}{d-c} & c\leqslant x<d \\ 0 & d<x\end{cases}$	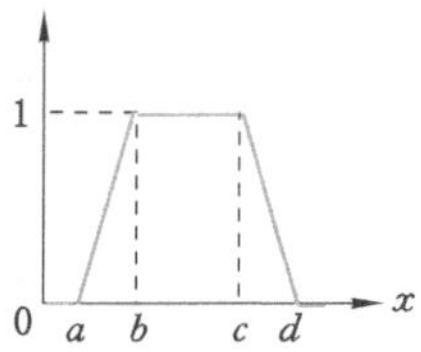
抛物形分布	偏小型	$A(x)=\begin{cases}1 & x<a \\ \left(\dfrac{b-x}{b-a}\right)^k & a\leqslant x\leqslant b \\ 0 & b<x\end{cases}$	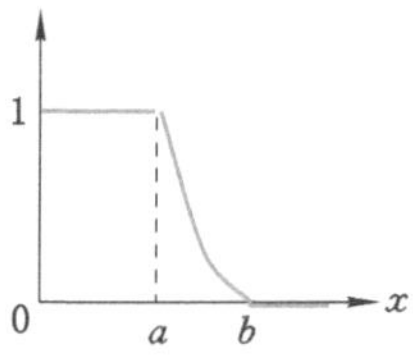
	偏大型	$A(x)=\begin{cases}0 & x<a \\ \left(\dfrac{x-a}{b-a}\right)^k & a\leqslant x\leqslant b \\ 1 & b<x\end{cases}$	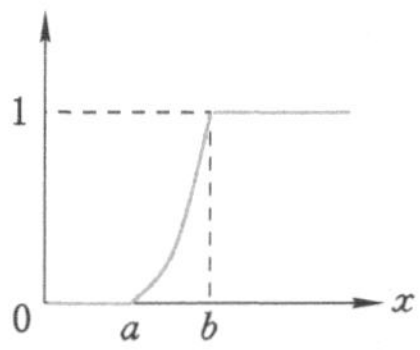
	中间型	$A(x)=\begin{cases}0 & x<a \\ \left(\dfrac{x-a}{b-a}\right)^k & a\leqslant x\leqslant b \\ 1 & b\leqslant x<c \\ \left(\dfrac{d-x}{d-c}\right)^k & c\leqslant x<d \\ 0 & d\leqslant x\end{cases}$	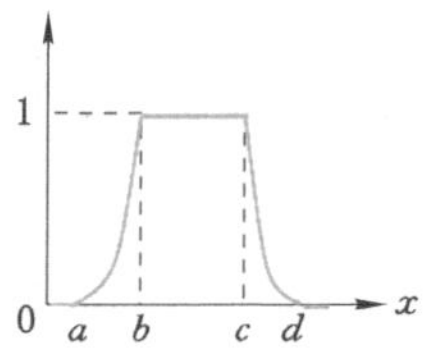

表 5-1(续)

分布形式	函数性质	函数	分布图形
正态分布	偏小型	$A(x)=\begin{cases}1 & x\leqslant a\\ e^{-\left(\frac{x-a}{\sigma}\right)^2} & x>a\end{cases}$	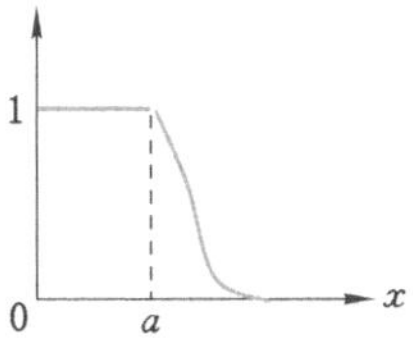
	偏大型	$A(x)=\begin{cases}0 & x\leqslant a\\ 1-e^{-\left(\frac{x-a}{\sigma}\right)^2} & x>a\end{cases}$	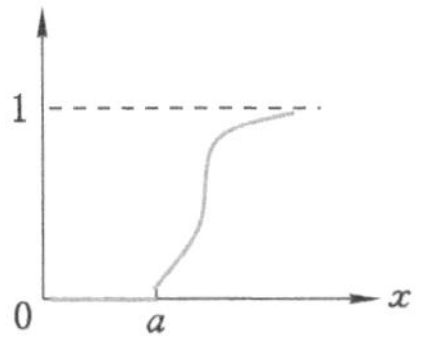
	中间型	$A(x)=e^{-\left(\frac{x-e}{\sigma}\right)^2} \quad -\infty<x<+\infty$	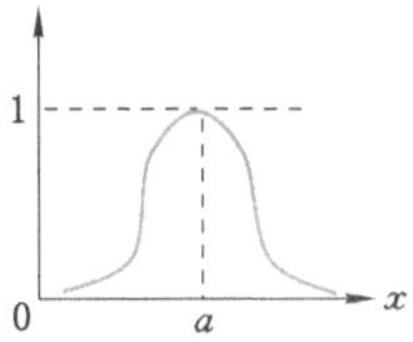
柯西分布	偏小型	$A(x)=\begin{cases}1 & x\leqslant a\\ \dfrac{1}{1+\alpha(x-a)^{\beta}} & x>a(\alpha>0,\beta>0)\end{cases}$	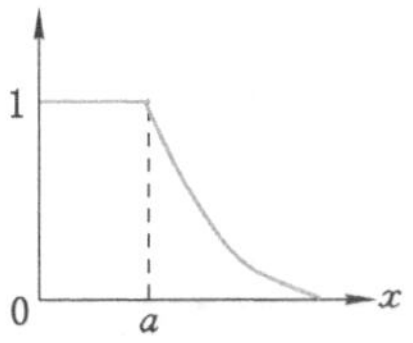
	偏大型	$A(x)=\begin{cases}0 & x\leqslant a\\ \dfrac{1}{1-\alpha(x-a)^{-\beta}} & x>a(\alpha>0,\beta>0)\end{cases}$	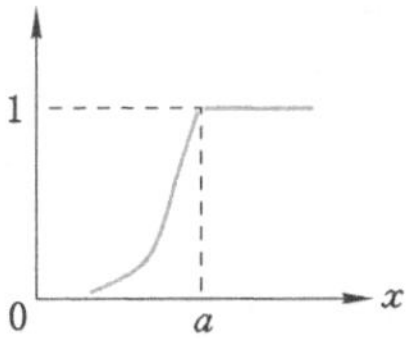
	中间型	$A(x)=\dfrac{1}{1+\alpha(x-a)^{\beta}} \quad (\alpha>0,\beta$ 为正偶数)	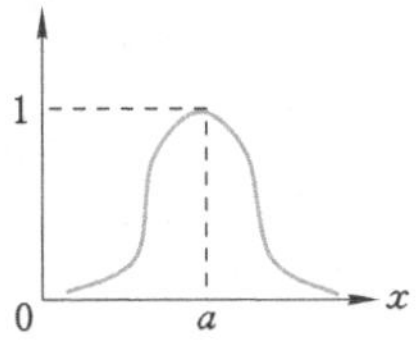
岭型分布	偏小型	$A(x)=\begin{cases}1 & x\leqslant a_1\\ \dfrac{1}{2}-\dfrac{1}{2}\sin\dfrac{\pi}{a_2-a_1}\left(x-\dfrac{a_2+a_1}{2}\right) & a_1<x\leqslant a_2\\ 0 & a_2<x\end{cases}$	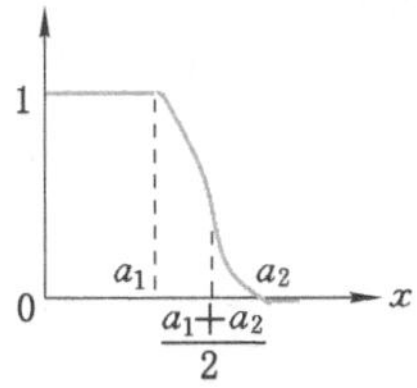

表 5-1(续)

分布形式	函数性质	函数	分布图形
岭型分布	偏大型	$A(x)=\begin{cases}0 & x\leqslant a_1\\ \frac{1}{2}+\frac{1}{2}\sin\frac{\pi}{a_2-a_1}\left(x-\frac{a_2+a_1}{2}\right) & a_1<x\leqslant a_2\\ 1 & a_2<x\end{cases}$	1; a_1; a_2; 0; $\frac{a_1+a_2}{2}$; x
	中间型	$A(x)=\begin{cases}0 & x\leqslant -a_2\\ \frac{1}{2}+\frac{1}{2}\sin\frac{\pi}{a_2-a_1}\left(x-\frac{a_2+a_1}{2}\right) & -a_2<x\leqslant -a_1\\ 1 & -a_1<x\leqslant a_1\\ \frac{1}{2}-\frac{1}{2}\sin\frac{\pi}{a_2-a_1}\left(x-\frac{a_2+a_1}{2}\right) & a_1<x\leqslant a_2\\ 0 & a_2<x\end{cases}$	1; $-a_2$; $-a_1$; 0; a_1; a_2; x

在实际应用过程中，可以根据所研究对象所具有的特点与上述六种 F 分布特征进行对比，选择相对应的分布形式，再根据参数的规律确定相应的参数，便可以得到隶属函数的表达式。

5.1.2 多因素影响因子的隶属函数确定

对于多个因素控制一个因子的情况，则要采用多元隶属函数确定方法确定隶属函数。具体为：将论域 U 中的一组模糊子集记为 $A_1,A_2,A_3,\cdots,A_m$，假设在论域中抽取一组容量为 n 的样本，且样本数分别为 $n_1,n_2,n_3,\cdots,n_m$，对每一个样本选择 p 个观测指标，那么预测单元内的观测数据构成 p 维向量$(x_{i1},x_{i2},x_{i3},\cdots,x_{ip})$，其中 x_i 为第 i 项指标值[220-222]。

论域 U 到模糊子集的映射记为 $f(u)=(m+1-k)/k$，当 u 相对划归于选择的模糊子集时，可令：

$$f(u_i)=\left\{\begin{array}{l}\left.\begin{array}{c}1\\ \vdots\\ 1\end{array}\right\}n_1\\ \left.\begin{array}{c}(m-1)/m\\ \vdots\\ (m-1)/m\end{array}\right\}n_2\\ \vdots\ \}\ \vdots\\ \left.\begin{array}{c}(m+1-k)/m\\ \vdots\\ (m+1-k)/m\end{array}\right\}n_k\\ \vdots\ \}\ \vdots\\ \left.\begin{array}{c}1/m\\ \vdots\\ 1/m\end{array}\right\}n_m\end{array}\right.,\beta=\begin{pmatrix}\beta_0\\ \beta_1\\ \vdots\\ \beta_p\end{pmatrix},X=\begin{bmatrix}1 & x_{11} & x_{12} & \cdots & x_{1p}\\ 1 & x_{21} & x_{22} & \cdots & x_{2p}\\ \cdots & \cdots & \cdots & & \cdots\\ 1 & x_{n1} & x_{n2} & \cdots & x_{np}\end{bmatrix},\varepsilon=\begin{pmatrix}\varepsilon_1\\ \varepsilon_2\\ \vdots\\ \varepsilon_n\end{pmatrix} \tag{5-1}$$

根据线性规划模型，得到映射 f 的表达式：

$$y_i = \beta_0 + \beta_1 x_{i1} + \beta_2 x_{i2} + \cdots + \beta_p x_{ip} + \varepsilon_i, i = 1,2,\cdots,n \tag{5-2}$$

或者

$$y = X\boldsymbol{\beta} + \varepsilon_i \tag{5-3}$$

其中 ε_i 近似看作正态随机变量，且 $E(\varepsilon_i) = 0, D(\varepsilon_i) = \sigma^2 (i = 1,2,3,\cdots,n)$；$\boldsymbol{\beta}$ 为系数向量，当 $\mathrm{rank}(X'X) = p+1$ 时 $\beta = (X'X)^{-1}X'Y$，当 $\mathrm{rank}(X'X) < p+1$ 时将 $(X'X)^{-1}$ 改为广义逆矩阵 $(X'X)^{+}$，此时取 $\hat{\beta} = (X'X)^{+} X'Y$，根据得出的系数向量，就可以依据标准正态分布概率构造多元隶属函数。

也可以按照 Logistic 函数形式来构造多元隶属函数：

$$u_A(u) = u_A(x_1, x_2, \cdots, x_p) = \frac{1}{1 + \exp\left[a(\hat{\beta}_0 + \sum_{i=1}^{p} \hat{\beta}_i x_i)\right]} \tag{5-4}$$

式中，a 为常数，根据实际情况而定。

5.2　矿区水资源承载力影响因子隶属函数确定

依据隶属函数确定原则对我国西北干旱半干旱生态脆弱矿区水资源承载力隶属函数进行确定，对于单因素影响下的因子采用 F 分布确定准则，对于多因素影响下的因子则采用多元隶属函数进行确定。依据我国部分矿区的统计结果以及数值模拟分析结果，影响因子对矿区水资源承载力的影响特征前文已详细介绍，这里不再赘述，各影响因子的隶属函数如下。

(1) 煤水赋存关系

煤水赋存关系对矿区水资源承载力的影响主要有含水层类型、隔水层自身性质以及煤层和含水层之间的距离。本书将含水层分为裂隙导通型、不影响型和中间型三种类型；按照煤水之间岩性组合和含水层类型，分为局部富水有(无)隔水层和大面积富水有(无)隔水层两种类型。不同的煤水赋存关系对含水层影响具有一定的共性规律[30,32,35,52,81-82]，根据前文研究成果，以是否造成含水层内水资源流失为依据，得到煤水之间距离、隔水层厚度以及含水层厚度对隔水层的影响规律(表 5-2)，构建煤水赋存关系对矿区水资源承载力的隶属函数：

$$\mu_R = 2.6878 - 0.0087x_1 - 0.00117x_2 - 0.0791x_3 \tag{5-5}$$

式中　x_1——煤层与含水层之间距离；

x_2——隔水层厚度；

x_3——含水层厚度。

表 5-2　煤水赋存关系统计结果

序号	煤层与含水层之间距离/m	隔水层厚度/m	含水层厚度/m
1	96	6.90	11.07
2	66	7.20	16.05
3	114	10.80	8.43

表 5-2(续)

序号	煤层与含水层之间距离/m	隔水层厚度/m	含水层厚度/m
4	107	11.40	11.2
5	111	14.10	12.01
6	113	9.40	14.04
7	113	12.30	14.04
8	167	40.80	4.43
9	145	31.70	2.29
10	81	17.50	11.33
11	129	17.80	8.49

(2) 煤层埋深

前已述及,煤层埋深主要影响原岩应力以及覆岩活动规律,是水资源承载力的主要影响因素之一。研究结果表明,我国西北矿区煤层埋深较浅,开挖后容易形成地表拉伸裂隙和沉陷盆地等人工地质现象,造成水资源破坏。本书将煤层埋深对水资源的影响规律作为矿区水资源承载力的判别指标,变化趋势如图 5-1 所示,依据 F 分布判别标准,得到煤层埋深的隶属函数如式(5-6)所示。

$$\mu(M_H)=\begin{cases}1 & M_H<0.04\\ \sqrt{\dfrac{0.3-x}{0.28}} & 0.04\leqslant M_H\leqslant 0.3\\ 0 & M_H>0.3\end{cases}\tag{5-6}$$

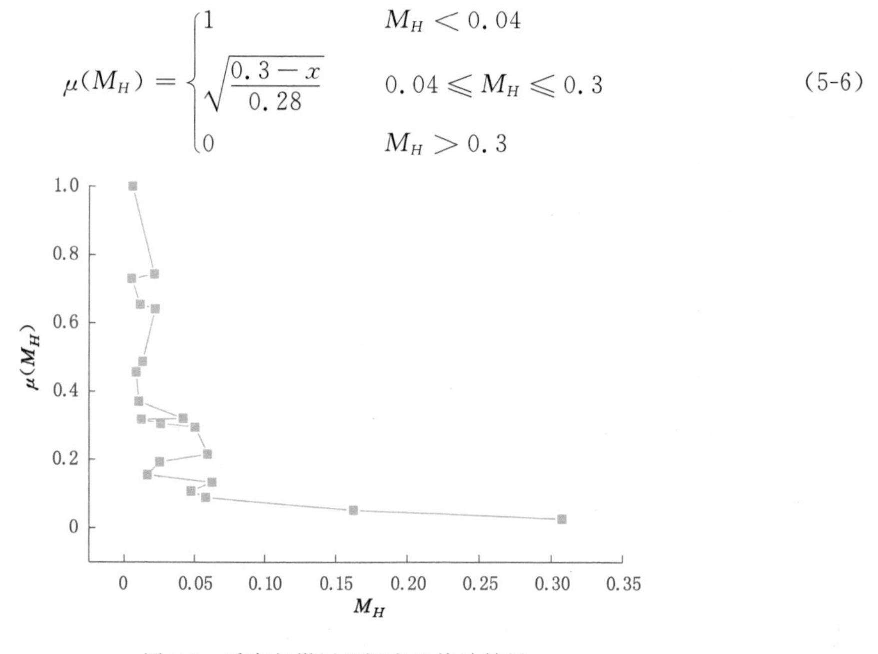

图 5-1 采高与煤层埋深之比统计结果

(3) 隔水层隔水能力

影响隔水层隔水能力的因素有很多,既有隔水层本身的固有性质,又有采动影响下的外部因素,对其最重要的影响就是其是否成为导水通道。其中,隔水层的强度和厚度属于其固有性质,对于煤矿来说,隔水层一般为泥岩或者黏土,强度一般不大,易发生遇水泥化等现象;采高和开采速度对隔水层的影响属于人为因素,即属于外部因素。根据前文分析结果,以隔水层是否发生破坏并成为导水通道为依据，基于模拟结果和现有研究成果(表 5-3)，对隔水层岩性特征、开采参数等因素对矿区水资源的影响特征进行分析[83,87-90,92-93]，以隔水层强度、隔水层厚度、采高和开采速度构建评价隔水层隔水能力对矿区水资源承载力影响的隶属函数：

$$\mu_R(A) = 0.955\,9 - 0.000\,9x_1 - 0.000\,4x_2 - 0.042\,1x_3 - 0.022\,8x_4 \tag{5-7}$$

式中，x_1为隔水层强度；x_2为隔水层厚度；x_3为采高；x_4为工作面开采速度。

表 5-3　隔水层隔水能力研究结果

序号	强度/kPa	厚度/m	采高/m	开采速度/(m/d)
1	163.00	15	7	18
2	120.00	142	6	10
3	271.08	25	8	20
4	271.08	50	6	20
5	178.36	30	8	20
6	271.08	28	4	21
7	178.36	40	7	13
8	271.08	88	8	12
9	178.36	62	9	15
10	271.08	26	5	14
11	178.36	35	3	8

(4) 采动裂隙发育程度

采动裂隙对水资源承载力的影响主要体现在其发育高度和导水性上，两者直接影响含水层是否会在采动影响下改变原有循环状态，主要体现在以下三种情况：

① 采动裂隙虽然发育至含水层，但裂隙并未发育成为导水裂隙，不会对含水层产生影响；

② 采动裂隙为导水裂隙，但因隔水层岩性的影响，导水裂隙逐渐闭合；

③ 采动裂隙导水性强且隔水层失去隔水作用，成为沟通含水层与采空区的导水通道。

以采高为 1～20 m，覆岩强度为偏硬、偏软、中等为参考，进行分类研究(图 5-2)得到其多元隶属函数式(5-8)。

$$\mu(D) = \begin{cases} 0.160\,1 + 0.002\,8x_1 - 0.001\,77x_2 & \text{偏硬} \\ 0.554\,4 + 0.005\,4x_1 - 0.007\,69x_2 & \text{中等} \\ 0.127\,3 - 0.001\,2x_1 + 0.001\,70x_2 & \text{偏软} \end{cases} \tag{5-8}$$

(5) 开采参数

开采参数包括采高和工作面开采速度等。不同开采参数条件下裂隙发育高度、覆岩活动规律、应力变化特征等均不相同，最终表现在对含水层的影响上。依据数值模拟和现有研究成果，以开采参数对含水层的影响规律建立如下多元隶属函数：

$$\mu(K) = 0.055 + 2.771 \times 10^{-2}x_1 + 1.55 \times 10^{-2}x_2 + 2.007 \times 10^{-3}x_3 + 2.3 \times 10^{-4}x_4 \tag{5-9}$$

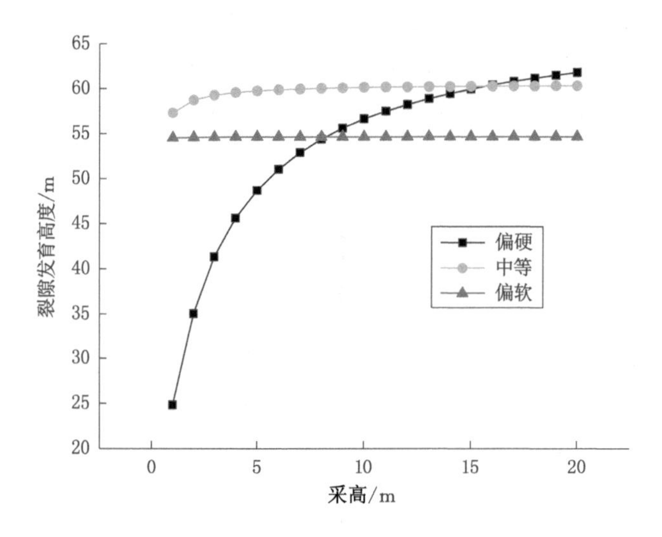

图 5-2　不同岩性、不同采高情况下裂隙发育高度

式中　x_1, x_2, x_3, x_4——采高、开采速度、工作面宽度和工作面推进长度。

(6) 地表沉陷程度

地表沉陷对矿区水资源承载力的影响主要体现为改变原有水资源结构，改变矿区水资源蒸发和入渗系数，且周边土壤性质等均发生改变，另外开采沉陷影响植物的正常生长状态，甚至导致植被覆盖率下降。下沉系数可以很好地衡量地表沉陷程度，根据数值模拟结果及对国内外 16 个地区矿井下沉状态和下沉系数的研究结果，得到以下沉系数作为评价标准的地表沉陷程度隶属函数：

$$\mu(q) = \begin{cases} 1 & q < 0.2 \\ 2.5x - 0.5 & 0.2 \leqslant q \leqslant 0.6 \\ 0 & q > 0.6 \end{cases} \tag{5-10}$$

(7) 地下水位时空变化情况

地下水位与矿区生态系统之间的关系前文已做详细分析，地下水位对于维系矿区生态系统的稳定具有重要作用，控制着矿区植被的演变与组成，同时也影响着采动后矿区生态系统的构成、发展和稳定，是矿区水资源承载力关键的生态因子。生态脆弱矿区水位埋深与地表生态环境有直接关系，水位埋深对地表植物的影响存在一个临界范围，过浅的地下水位会引起土壤盐渍化，而地下水位埋深较大时，植被根须无法吸收水分而造成植被枯萎现象[58]。据此，将水位变化对水资源承载力影响隶属函数定义为式(5-11)：

$$u_{\mathrm{wt}}(W) = \begin{cases} 0 & W \leqslant 3 \\ 1.275 - 0.155W & 3 < W \leqslant 5 \\ 1 & 5 < W \leqslant 6 \\ -0.275 + 0.155W & 6 < W \leqslant 8 \\ 0 & W > 8 \end{cases} \tag{5-11}$$

(8) 植被覆盖率

植被覆盖率受大气降水、地表水和地下水的影响，三种水资源是矿区水资源的天然储藏库,“三水”的自然循环平衡控制着植被的生长状态和植被种类,外部条件的改变必然引起水循环的改变,从而使植被覆盖率发生变化,植被覆盖率是水资源承载力的直观体现。以矿区植被覆盖率(γ)作为评价指标,其隶属函数为:

$$\mu_v(\gamma) = \begin{cases} 0 & \gamma < 15\% \\ 0.39 + 0.295x & 15\% \leqslant \gamma \leqslant 60\% \\ 1 & \gamma > 60\% \end{cases} \tag{5-12}$$

(9) 生态需水量

对矿区生态系统整体而言,其生态需水量应存在一个最小的临界值,即能够维持生态系统的正常结构、功能,生态需水量是影响矿区水资源承载力的关键。采动前后生态需水量变化可以间接反映水资源承载力的状况,以采后与采前生态需水量比值 N_w 确定生态需水量隶属函数:

$$\mu(E_W) = \begin{cases} 0 & E_W < 30\% \\ 0.68 + 0.41x & 30\% \leqslant E_W \leqslant 60\% \\ 1 & E_W > 60\% \end{cases} \tag{5-13}$$

(10) 水资源系统

水资源总量和质量两者互为依存,缺一不可,是水资源的两个固有方面,因此在评价时要分析水质和水量对矿区水资源承载力的综合影响。一般地,区域水资源总量包括三个方面:地表水系、降水与蒸发量、地下水系;水资源质量指水体中所含物理成分、化学成分和生物成分的特征和性质[223]。两者对区域生态环境的演化起到控制作用,是影响水资源承载力的基本因子。煤矿开采区水资源承载力主要影响的是生态环境的变化,地表水和地下水均对其有直接影响,将矿区水资源的评价函数定为式(5-14)。

$$u_c(T) = 3.0823 - 1.0075x_1 - 1.0369x_2 \tag{5-14}$$

式中,x_1 和 x_2 分别为地表水和地下水评价结果。

水质的优劣最直接影响的是植被生存状态,水资源的污染状态是影响水质的主要因素,本书以《地表水环境质量标准》(GB 3838—2022)中的水质综合污染指数 S 作为评价标准,其隶属函数为:

$$P = \begin{cases} 1 & S \leqslant 0.2,\text{水质好} \\ 0.8 & 0.2 < S \leqslant 0.4,\text{水质较好} \\ 0.6 & 0.4 < S \leqslant 0.7,\text{轻度污染} \\ 0.4 & 0.4 < S \leqslant 0.7,\text{中度污染} \\ 0 & S > 0.7,\text{重度污染} \end{cases} \tag{5-15}$$

5.3 影响因子权重计算

确定影响因子权重是评价过程中的关键一步,影响因子权重是系统在结构上的一种量化约定,一定程度上表征了影响因素的相对重要性。通过两两比较法对各个影响因子进行比对,构造比较判断矩阵,进而确定评判因素的权重。两两比较法的原则为:当以上一层次某个因素 A 作为准则时,可用一个比较标度 a_{ij}(正整数 1～9 及其倒数)来表达下一层次中第 i 个因素与第 j 个因素的相对重要性或偏好优劣(倒数),第 i 个因素比第 j 个因素越重要

则 a_{ij} 取值越大。判断矩阵标度及其含义如表 5-4 所示。

表 5-4　判断矩阵标度及其含义

标度	含　义	
1	以上一层次某个因素为准则	下层内的因素 j 与本层内的因素 i 相比，重要性相同
3		下层内的因素 j 与本层内的因素 i 相比，i 比 j 稍微重要
5		下层内的因素 j 与本层内的因素 i 相比，i 比 j 明显重要
7		下层内的因素 j 与本层内的因素 i 相比，i 比 j 强烈重要
9		下层内的因素 j 与本层内的因素 i 相比，i 比 j 极端重要
2,4,6,8		上述相邻判断的中值
倒数		因素判断矩阵标度 b_{ij}，j 与 i 比较判断关系为 $b_{ji}=1/b_{ij}$

利用此方法可分五步对矿区水资源承载力进行判断：① 根据评价目标和因子构建模型；② 建立判断矩阵；③ 对判断矩阵的一致性进行检验；④ 对构建的层次进行总排序；⑤ 对判断矩阵层次总排序的合理性进行检验。比较判断矩阵的特点如下：

① $a_{ij} > 0 \quad i,j = 1,2,\cdots,n$；

② $a_{ij} = \dfrac{1}{a_{ji}} \quad i,j = 1,2,\cdots,n$；

③ $a_{ii} = 1 \quad i,j = 1,2,\cdots,n$。

即 $\boldsymbol{A} = \begin{bmatrix} 1 & a_{12} & \cdots & a_{1n} \\ 1/a_{12} & 1 & \cdots & a_{2n} \\ \cdots & \cdots & & \cdots \\ 1/a_{1n} & 1/a_{2n} & \cdots & 1 \end{bmatrix}$ 为比较判断矩阵。

然后利用最大特征根法对矩阵的合理性进行检验。笔者在综合分析前人研究成果和分析研究的基础上，对各因素间重要程度进行分析，根据两两对比原则（表 5-4），对各个影响因素之间的重要程度进行分析比较，建立了判断矩阵，如表 5-5 至表 5-9 所示。

表 5-5　$\boldsymbol{A \sim B}$ 比较判断矩阵

$A \sim B$	B_1	B_2	B_3	B_4
B_1	1	1/7	1/3	1/5
B_2	7	1	3	5
B_3	3	1/3	1	1/2
B_4	5	1/5	2	1

表 5-6　$\boldsymbol{B_1 \sim C}$ 比较判断矩阵

$B_1 \sim C$	C_1	C_2	C_3
C_1	1	3	1/5
C_2	1/3	1	1/7
C_3	5	7	1

表 5-7 $B_2 \sim C$ 比较判断矩阵

$B_2 \sim C$	C_3	C_4	C_5	C_6	C_7
C_3	1	3	7	4	1
C_4	1/3	1	2	3	1/7
C_5	1/7	1/2	1	1/3	1/4
C_6	1/4	1/3	3	1	1/3
C_7	1	7	4	3	1

表 5-8 $B_3 \sim C$ 比较判断矩阵

$B_3 \sim C$	C_6	C_7	C_8	C_9
C_6	1	1/3	4	8
C_7	3	1	3	7
C_8	1/4	1/3	1	2
C_9	1/8	1/7	1/2	1

表 5-9 $B_4 \sim C$ 比较判断矩阵

$B_4 \sim C$	C_7	C_9	C_{10}	C_{11}
C_7	1	2	1/4	1/3
C_9	1/2	1	1/3	1/2
C_{10}	4	3	1	1
C_{11}	3	2	1	1

模糊综合判别法的关键一步是构建比较判断矩阵,因准则层的指标要对相应的子准则层的因素有支配作用,因此,需要按照两两比较法确定每一个准则层的因素及它所支配子准则层的因素的重要程度。最终,依据单准则排序方式,求出各个因素 $u_1,u_2,u_3,\cdots,u_n$ 对于准则层的相对排序权重。目前计算权重的方法多种多样,主要用特征值方法进行求解,该方法在水资源承载力评价中得到广泛运用。

本书利用最大特征根 λ_{max} 求各个因素的权重,首先对判断矩阵的列向量归一化 $A_{ij}=(\frac{a_{ij}}{\sum_{i=1}^{n}a_{ij}})$;然后将 A_{ij} 按行计算得 $W_{ij}=(\sum_{j=1}^{n}\frac{a_{1j}}{\sum_{i=1}^{n}a_{ij}},\sum_{j=1}^{n}\frac{a_{2j}}{\sum_{i=1}^{n}a_{ij}},\cdots,\sum_{j=1}^{n}\frac{a_{nj}}{\sum_{i=1}^{n}a_{ij}})^{T}$;再将 W 归一化得到排序向量 $W=(w_1,w_2,\cdots,w_n)^{T}$;由此可得最大特征根 $\lambda_{max}=\frac{1}{n}\sum_{i=1}^{n}\frac{(AW)_i}{w_i}$。对其进行一致性检验($CR=CI/RI$)。其中,$CI=\lambda_{max}-n/(n-1)$,$\lambda_{max}$ 为矩阵最大特征根,RI 为 Saaty 平均随机一致性指标(表 5-10)。若 CR<0.1,则判断矩阵一致性通过;否则,需要进行调整。

表 5-10 Saaty 平均随机一致性指标

n	1	2	3	4	5	6	7	8	9
RI	0	0	0.58	0.94	1.12	1.24	1.32	1.41	1.45

经计算，上述矩阵 CR 值分别为 0.072、0.056、0.099、0.079、0.055，均小于 0.10，满足判断矩阵和确定的权重的一致性要求。然后根据判断矩阵计算得到各个影响因子的权重 W_i，其中 C_3'、C_6'、C_7'分别表示隔水层有效性对采矿系统的影响、地表沉陷程度和地下水位变化对矿区水资源承载力的影响。

$$W_{A\sim B}(B_1,B_2,B_3,B_4) = (0.054\,6,0.587\,3,0.145\,4,0.212\,7)$$

$$W_{B_1\sim C}(C_1,C_2,C_3) = (0.188\,4,0.081\,0,0.730\,6)$$

$$W_{B_2\sim C}(C_3',C_4,C_5,C_6,C_7) = (0.340\,8,0.125\,5,0.053\,8,0.093\,8,0.386\,1)$$

$$W_{B_3\sim C}(C_6',C_7',C_8,C_9) = (0.321\,0,0.515\,7,0.110\,8,0.052\,5)$$

$$W_{B_4\sim C}(C_7,C_9,C_{10},C_{11}) = (0.142\,7,0.118\,6,0.400\,7,0.338\,0)$$

5.4 实例分析及验证

基于以上分析，本书以神东矿区作为实例进行分析，对选取的参数进行验证。神东矿区在地貌单元上可划分为风积沙和黄土地貌两大类，未受采动影响条件下大气降水量占地下水总补给量的 96%，蒸发量占总排泄量的 62%；年平均降水量 413.5 mm，平均蒸发量 2 111.2 mm。矿区内主要河流为乌兰木伦河，年径流量 9 291.03 万 m^3，根据对研究区域河流和地表水的统计计算结果，神东矿区地表水资源总量为 1.01 亿 m^3；地下水总补给量 8 372.63 m^3，排泄量 8 229.44 m^3，储存量 143.19 m^3[40]。大柳塔矿、活鸡兔矿、补连塔矿等 7 个矿井采空区积水总量为 2 007.5 万 m^3，年平均矿井涌水量 3 077.85 万 m^3；矿区内煤层埋深在 200 m 以内(最小为 70 m)，岩层赋存特点为基岩较薄、松散层较厚，煤层较厚[46,203]，综采工作面宽度 200～400 m，推进距离 2 000～6 000 m，采高 3～8 m。根据上述地表水和地下水资源统计结果，可得到矿区水资源总量为 1.149 万 m^3[40]。

由于煤矿开采的影响，地表沉陷，沉陷形成的下沉状态主要为椭圆状盆地或盆形漏斗，采高为 4 m、5 m、6 m、7 m 时对应的最大下沉值分别为 2.2 m、2.8 m、3.3 m、3.9 m；矿区内植被以沙生灌木为主，并伴有草本植物，文献[40]研究了 2009—2014 年矿区内植被覆盖情况，结果如图 5-3 所示；矿区内水位埋深 3.2～3.5 m，煤层开采后地下水位下降，地下水位埋深变化率如图 5-4 所示(以 2009 年作为标准，水位埋深为 3.1 m)。

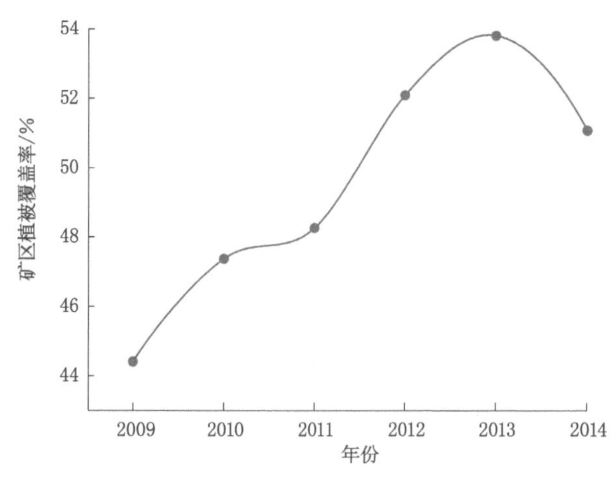

图 5-3　神东矿区 2009—2014 年植被覆盖率变化规律

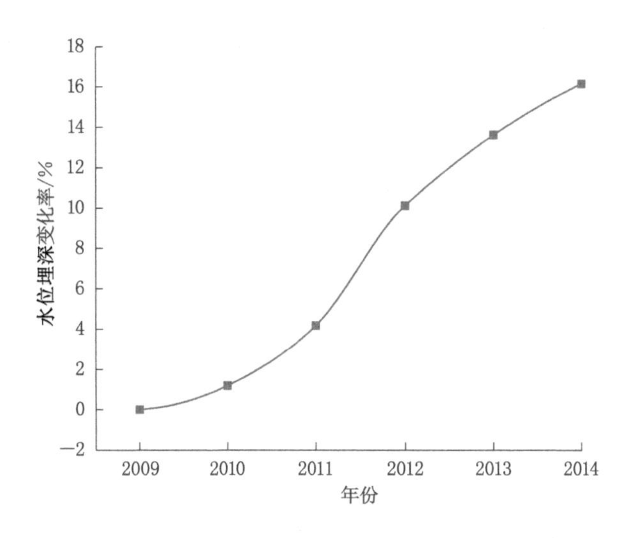

图 5-4 神东矿区 2009—2014 年水位埋深变化情况

基于神东矿区基本地质条件，结合上文得到的隶属函数以及各个影响因子的隶属度，对神东矿区 2009—2014 年水资源承载力(β)进行计算，计算结果如表 5-11 所示。

表 5-11 神东矿区水资源承载力计算结果

年 份	2009	2010	2011	2012	2013	2014
评价值 β	0.811	0.743	0.752	0.764	0.768	0.760
级 别	Ⅱ	Ⅲ	Ⅲ	Ⅲ	Ⅲ	Ⅲ

对比顾大钊院士 2012 年对神东矿区水资源承载力的评价结果(Ⅲ级)，本书的计算结果与实际结果相吻合，说明选取的影响因子合理可靠，同时计算得到的隶属函数、权重等均可以对我国西北矿区水资源承载力进行科学合理的评价，同时也证明该方法对干旱半干旱矿区水资源承载力评价合理可靠。伊宁矿区与神东矿区同属干旱半干旱地区，可用此方法对伊宁矿区水资源承载力进行评价。

6 水资源承载力约束下煤炭科学开采规模决策

煤炭科学开采规模确定是煤炭开发过程中一项非常重要的决策工作。对于伊犁矿区尚未大规模开发的整装煤田大型矿区而言,合理的开采规模对于煤炭开发利用与矿区可持续发展有深远的影响。如何进行煤炭开采的井下控制达到地表生态环境保护的目的是保水开采的关键问题。由此,以水资源承载力为约束条件进行矿区开采规模确定是西北地区实现绿色开采的基础。本章根据上文研究结果,结合伊宁矿区实际情况,选取具有代表性的伊犁四矿作为具体的“点”进行水资源承载力状态分析和预测;基于水资源承载力分析结果,引入最优控制理论,探索维系伊宁矿区大范围内水系统“面”稳定条件下的开采规模,实现煤炭资源与水资源协调发展。

6.1 伊宁矿区概况

6.1.1 矿区地质概况

新疆伊宁矿区行政区属于霍城县、伊宁县和伊宁市,地处新疆伊犁盆地北部,资源储量约 193 亿 t。伊宁矿区具体地理位置如图 6-1 所示。

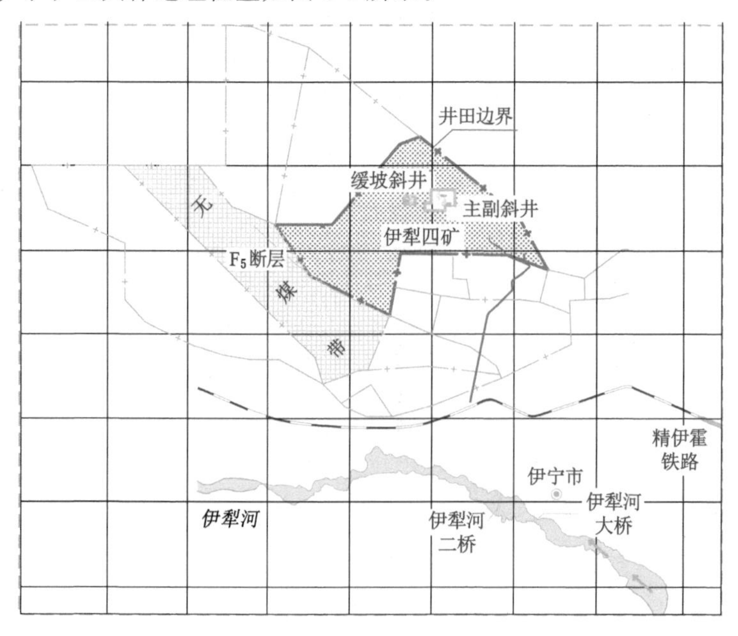

图 6-1 伊宁矿区地理位置

伊宁矿区尚未大面积开发，目前主要有伊犁四矿、界梁子北井田、肖尔布拉克西井田等矿井。其中伊犁四矿位于伊犁盆地南部，基本为一完整的单斜水文地质单元，井田位于丘陵和倾斜平原的过渡带，设计生产能力为 600 万 t/a。矿区内广布第四系黄土状粉土，平均厚度为 75.4 m，煤层顶板以泥岩和粉砂质泥岩为主，其次为粉细砂岩、碳质泥岩，松散砂砾岩仅局部可见，平均天然抗压强度为 12.2～16.27 MPa，平均饱和抗压强度为 1.81～3.69 MPa。矿区现有采空区面积 28.88 km^2，沉陷区面积 34.62 km^2，最大下沉高度约 1.2 m。矿区内主要含水层、隔水层以及主要地表径流特征如下。

(1) 含水层

根据钻孔水文地质编录、物理测井及流量测井资料，结合含水层时代成因、岩性特点、埋藏条件及水力性质等，将矿区自上而下分为四个含水层，各含水层的基本特点如下所述：

① 第四系孔隙含水层($Ⅰ_1$)：广布全区，为第四系山麓相冲洪堆积(Q_2—Q_4)，受降水和地表水补给，水位埋深 10～50 m 不等，单位涌水量为 0.05 L/(s·m)，渗透系数为 0.098 m/d，矿化度为 0.218 g/L，pH 为 7.9，地下水化学类型为 HCO_3^--Ca^{2+}·Na^+ 型。② 新近系孔隙含水层($Ⅰ_2$)：厚 11.72～146.51 m，平均厚度为 87.76 m，含孔隙潜水或微承压水，主要受第四系孔隙水补给，补给条件较差，故富水性弱，渗透系数小于 0.01 m/d，地下水化学类型为 HCO_3^-·SO_4^{2-}-Na^+·Ca^{2+}型或 SO_4^{2-}·HCO_3^--Na^+·Ca^{2+}型。③ 古近系砂砾岩孔隙中等含水层：含水层岩性主要由褐黄色、灰白色粗砂岩、砂砾岩及砾岩组成，胶结松散，含水空间以孔隙为主，含孔隙承压水，上覆古近系隔水层。水位埋深为－10.25～20.08 m，水位标高为 815.13～818 m，涌水量为 321.40～1 337.47 m^3/d，单位涌水量为 0.065～0.908 L/(s·m)，渗透系数为 0.052～0.815 m/d，具中等透水性和富水性；该含水层距 21-1 煤一般 30～70 m，平均 42.02 m，局部为 21-1 煤直接顶，可通过冒裂带成为开采 21-1 煤及 23-2 煤的直接或间接充水因素。水温为 15～22 ℃，pH 为 7.5～8.0，矿化度为 3.5～6.1 g/L，水化学类型为 SO_4^{2-}·Cl^--Na^+或 Cl^-·SO_4^{2-}-Na^+·Ca^{2+}型。④ 侏罗系层间裂隙孔隙承压含水层(Ⅱ)：分为$Ⅱ_1$ 含水层(包括$Ⅱ_{1\text{-}1}$、$Ⅱ_{1\text{-}2}$两个亚层)、$Ⅱ_2$ 含水层(包括$Ⅱ_{2\text{-}1}$和$Ⅱ_{2\text{-}2}$两个亚层)、$Ⅱ_3$ 含水层、$Ⅱ_4$ 含水层、$Ⅱ_5$-$Ⅱ_6$ 含水层，水位埋深为－46.99～599.71 m，承压水头高度为 230.17 m，单位涌水量为 0.020 L/(s·m)，降深为 40.69 m，渗透系数为 0.071 m/d，透水性、富水性弱，地下水矿化度为 0.594 g/L，pH 为 7.7，水化学类型为 HCO_3^-·SO_4^{2-}-Na^+·Ca^{2+}型、SO_4^{2-}·HCO_3^--Ca^{2+}·Na^+型或 SO_4^{2-}·HCO_3^--Ca^{2+}·Na^+型。矿区地下水质量评价结果如表 6-1 所示。

表 6-1 矿区地下水质量评价结果

水样编号	评价因子/(mg/L)					质量级别	评分值	质量	含水层所属地层
	SO_4^{2-}	Cl^-	硬度	矿化度	NO_3^--N				
ZK302	1 174.42	698.56	659.46	3 664	无	Ⅴ	12.81	极差	J_1b
ZK701	1 741.47	1 016.82	667.37	5 080	无	Ⅴ			
S001-1	2 147.37	1 969.87	1 829.48	6 866	微量	Ⅴ			

表 6-1(续)

<table>
<tr><th rowspan="2">水样
编号</th><th colspan="5">评价因子/(mg/L)</th><th rowspan="2">质量级别</th><th rowspan="2">评分值</th><th rowspan="2">质量</th><th rowspan="2">含水层
所属地层</th></tr>
<tr><th>SO_4^{2-}</th><th>Cl^-</th><th>硬度</th><th>矿化度</th><th>NO_3^--N</th></tr>
<tr><td>S2203-1</td><td>286.40</td><td>134.36</td><td>41.39</td><td>778</td><td>无</td><td>Ⅳ</td><td>6.32</td><td>较差</td><td rowspan="2">Q</td></tr>
<tr><td>S 泉 6</td><td>687.20</td><td>569.17</td><td>456.71</td><td>1 752</td><td>微量</td><td>Ⅴ</td><td>11.87</td><td rowspan="4">极差</td></tr>
<tr><td>自流井</td><td>1 256.72</td><td>831.54</td><td>881.73</td><td>3 370</td><td>无</td><td>Ⅴ</td><td rowspan="3">12.81</td><td rowspan="3">E</td></tr>
<tr><td>S1202</td><td>2 097.00</td><td>1 329.68</td><td>1 622.62</td><td>5 472</td><td>微量</td><td>Ⅴ</td></tr>
<tr><td>S1206</td><td>2 173.54</td><td>168.68</td><td>1 917.67</td><td>6 068</td><td>微量</td><td>Ⅴ</td></tr>
</table>

在伊犁四矿设置了 8 个监测孔，用以监测矿区水资源质量情况，监测 SO_4^{2-}、Cl^-、硬度、矿化度等，并根据监测内容进行了矿区水资源级别评级，具体评价结果见表 6-1。各含水层平均厚度、涌水量、渗透系数等相关参数见表 6-2。井田生态环境干旱少雨，水环境较脆弱。现可利用的水资源极为匮乏，井田内煤系及古近系中的地下水质量均为Ⅴ类极差，第四系孔隙水质量属Ⅳ类较差。地区环境质量属中等。

表 6-2　伊宁矿区含水层特征表

含水层	平均厚度/m	单位涌水量 q_s/[L/(s·m)]	渗透系数 K/(m/d)	水化学类型	水温/℃	pH	矿化度/(g/L)
第四系	39.26	0.780	1.180	$SO_4^{2-}\cdot Cl^-$-Na^+	15～16.5	7.9～8.2	0.78～1.80
新近系	30.38			$SO_4^{2-}\cdot Cl^-$-Na^+		8.2	0.78
古近系	88.82	0.060～0.910	0.052～0.815	$SO_4^{2-}\cdot Cl^-$-Na^+	15～22	7.5～8.0	3.50～6.10
三工河组	23.45	0.001～0.004		$SO_4^{2-}\cdot Cl^-$-Na^+	14～17		>1
八道湾组	61.67	0.001～0.029	0～0.018	$SO_4^{2-}\cdot Cl^-$-Na^+	14～18	7.1～8.2	2.24～6.87
烧变岩及煤	8.80	0.002～0.117	0～0.254	$SO_4^{2-}\cdot Cl^-$-Na^+	21	8.0	8.40～9.57

(2) 隔水层

矿区内隔水层主要由侏罗系泥岩、粉砂岩及煤组成，与含水层呈厚度不等的互层出现，自上而下共分为 9 层隔水层(G_1—G_9)，其中 G_8 隔水层仅在四矿西北部局部可见，其他隔水层在区域内分布较为普遍。其中 G_1、G_4、G_5 和 G_9 隔水层分布稳定，厚度大，隔水性强，其他表现为隔水性弱至差。具体为：① 第四系(Q_3)黄土隔水层(A)，广布于矿区内，岩性以中密至密实的黄土状粉土为主，厚度 5～410 m 不等，透水性差，隔水性较强，可视为区域上部压盖隔水层。② 新近系(N)隔水层(B)，多隐伏于井田北西部，东部缺失；岩性以黄褐色砂砾质泥岩、泥质砂砾岩夹紫红色泥岩为主，厚 32.8～265.5 m 不等；一般不含水，而具一定的隔水性，可视为相对隔水层。③ 三叠系(T)赫家沟组隔水层(C)，多稳定埋藏于侏罗系底部；以灰绿色、灰色、灰褐色、褐红色粉砂岩、泥岩为主，夹碳质泥岩、薄煤线、细砂岩及薄层砾岩；在表层由于风化裂隙发育深度有限且多被泥质充填，深层致密完整厚度大，透水性差；岩石致密完整，具隔水性，为区域内煤系底部稳定隔水层。

(3) 主要径流

根据矿区实际情况，将矿区内主要水源分为三类，分别为大气降水、地表水和地下水，具体情况如下。

① 大气降水:区域降水具有十分明显的分带特征,表现为平原区降水量小于山区降水量,根据 1983—1993 年加格斯台水文站气象资料:矿区年均降水量约 440.60 mm,年均降雪天数大于 90 d。因此,降雨和降雪的渗透补给是矿区的间接充水水源。大气降水是矿区地下水的直接或间接补给源。第四系、古近系含水层的主要补给源为北部山区及山前冰雪融水,其次为基岩风化裂隙水的侧渗补给和沟谷地段季节性河水的补给;侏罗系碎屑岩类裂隙孔隙水,除在有限露头区接受大气降水的直接补给外,主要在含水层的隐伏露头区接受古近系孔隙水的渗透越流补给。

② 地表水:矿区内地表河流主要有克其克博洛萨依沟、索墩布拉克萨依沟、琼博拉萨依沟等多条季节性河流,河水为融水和降水,总流域面积 152.9 km^2,其中琼博拉萨依沟平均径流量为 1 495 万 m^3/a,索墩布拉克萨依沟平均径流量为 439 万 m^3/a,克其克博洛萨依沟平均径流量为 1 290 万 m^3/a。据统计矿区含水层水位年均下降 0.65 m(1985—2014 年水位变化速率如图 6-2 所示)。

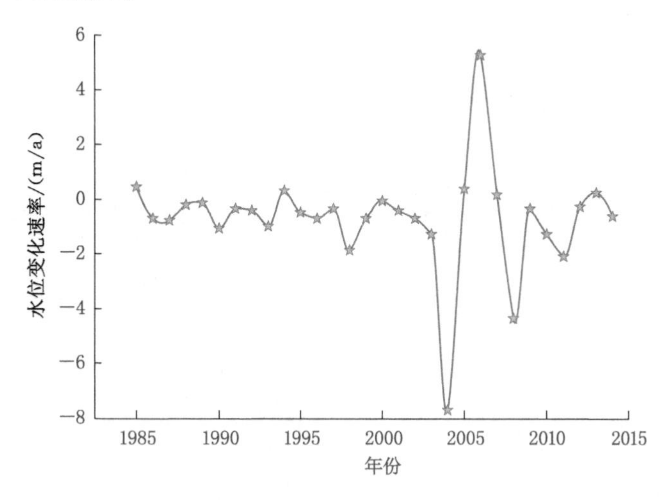

图 6-2 伊宁矿区水位变化速率

③ 地下水:主要为含水层内水资源,受地表水和大气降水补给,在采动影响下会对工作面造成威胁。地形坡向基本控制着地下水流向,第四系和古近系孔隙水主要为从东北向西南径流的渗流形式;受构造影响,碎屑岩类层间裂隙孔隙水基本顺岩层倾向由北向南或由东向西缓慢运移,仅局部有变化;地下水在横向上具不连续性,是横向岩相变化所导致的,垂向具有分段性,连通性差,径流缓慢。地下水的排泄方式:第四系和古近系孔隙水的主要排泄方式为泉和自流井,其次是地下径流和渗透越流排泄;碎屑岩类地下水为埋藏较深、循环缓慢的高矿化承压水,相对封闭,无明显自然排泄区,矿井的采掘活动会人为破坏地下水的系统平衡,形成人工排泄通道。

6.1.2 矿区植被变化状况

植被覆盖率是反映地表生态环境状况的重要指标,主要以 NDVI 年纪变化趋势表示。本书利用 Landsat 卫星各旬时序数据,提取 2012—2017 年矿区及周边 10 km 范围内 NDVI

年纪变化趋势，采用 ENVI 和 Arcgis 软件对提取的数据进行处理，得到矿区内 2012—2017 年植被变化特征，结果如图 6-3 所示；同时对不同植被类型进行统计分析，分析不同年份矿区植被种类变化趋势，结果如图 6-4 所示。

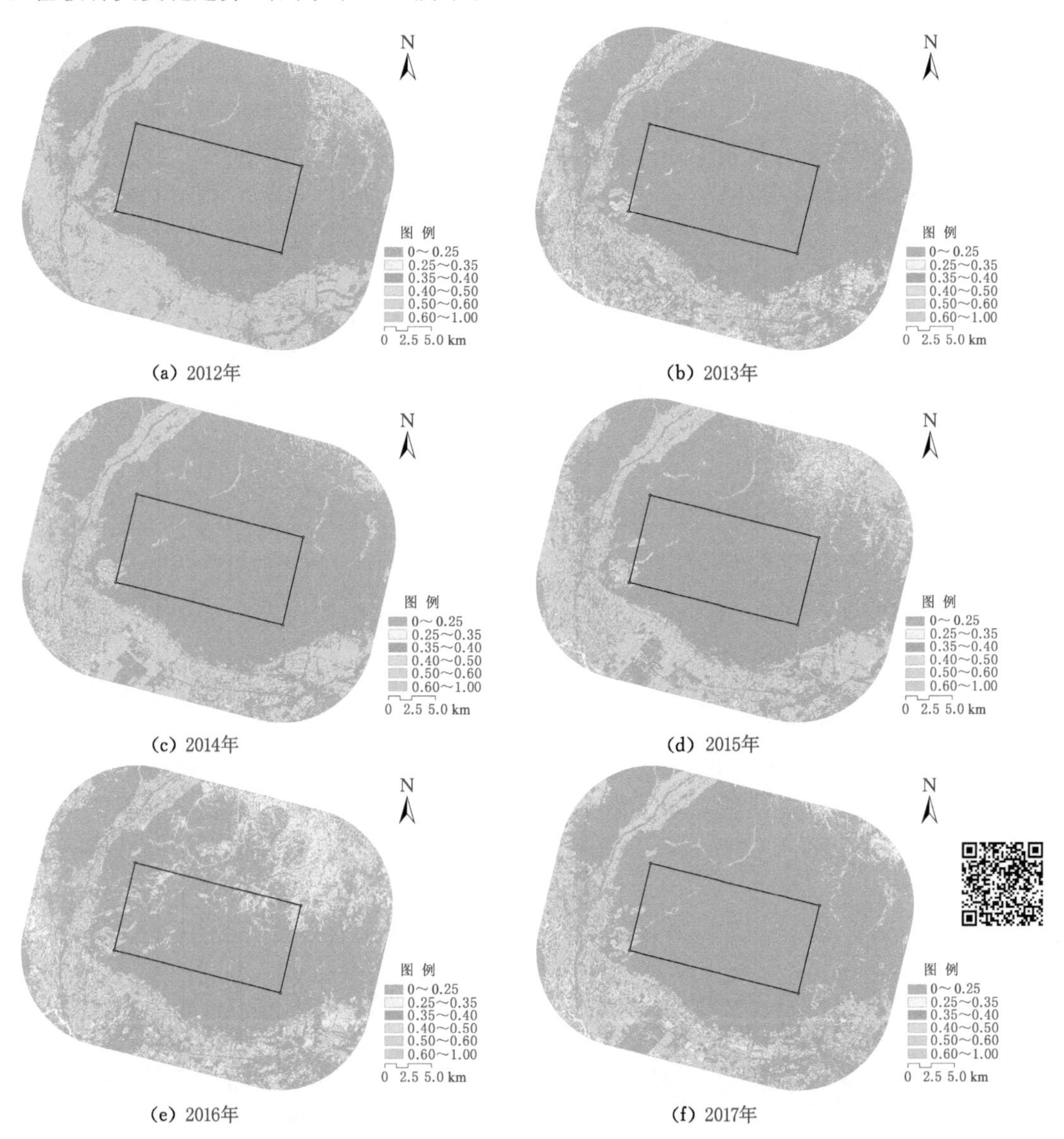

图 6-3 2012—2017 年井田内植被覆盖率变化情况

图 6-3 分析了矿区及周边 10 km 范围内植被覆盖率情况，NDVI 指数大于零时表明有植被存在，NDVI 指数越接近 1 表明植被覆盖程度越高。总体上整个矿区在 2012—2017 年植被覆盖率较低，NDVI 指数基本上维持在 0～0.25 之间；2016 年矿区内植被覆盖率有所提升，NDVI 指数在部分区域提升至 0.25～0.35，但在 2017 年又下降至 0～0.25。从矿区周边来看，矿区西南和东南部主要为城市居民区，受人类干扰较多，植被覆盖率变化呈现减小后又增加的趋势；在东北部，植被覆盖率从 2012 年至 2014 年呈现逐年降低的趋势，2015—2016 年植被覆盖率增加，而在 2017 年又降低；西北部植被覆盖率变化幅度不大，

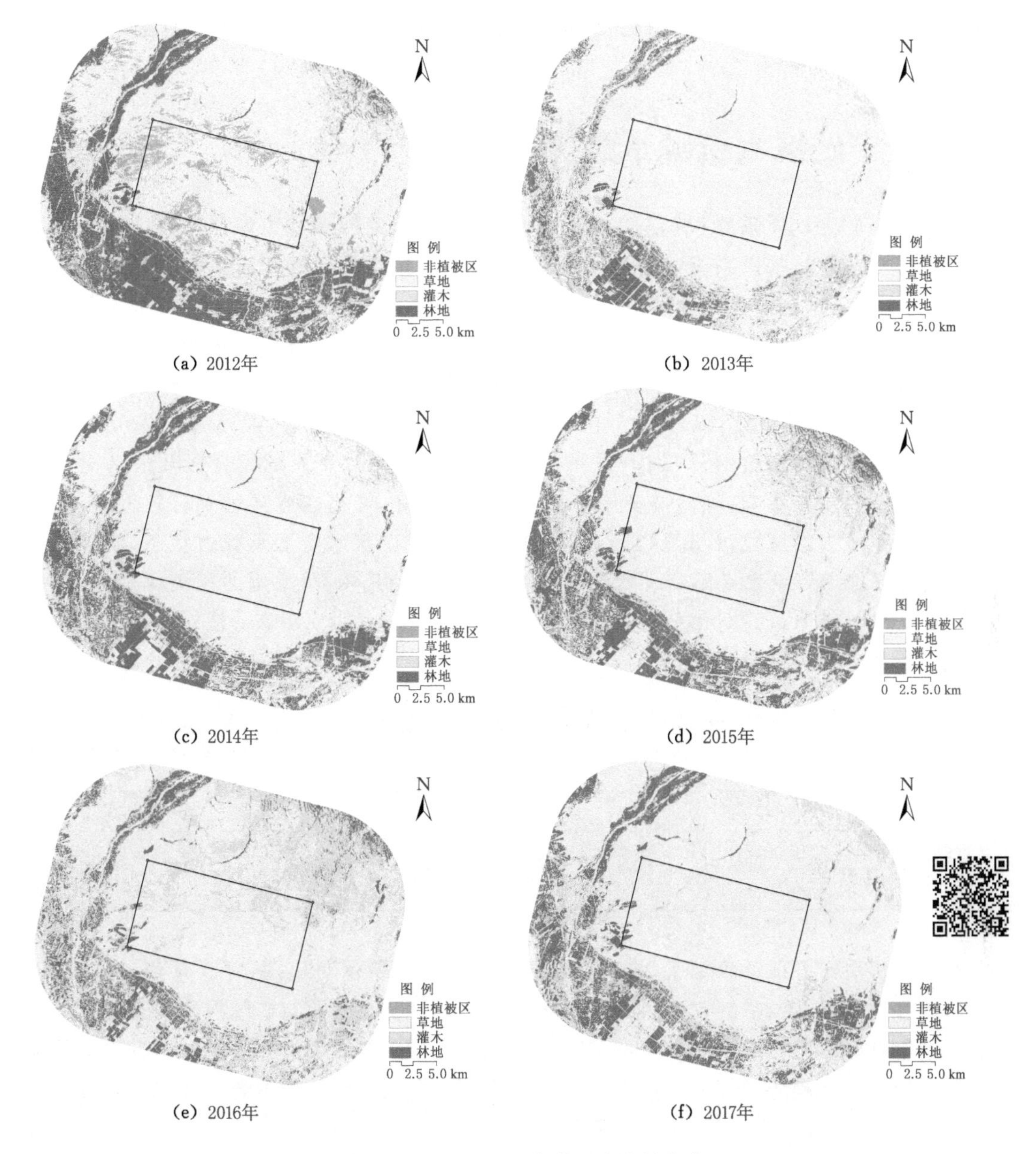

图 6-4　2012—2017 年井田内植被分类

NDVI 指数基本维持在 0.25～0.40。

图 6-4 为区域内植被类型和分布情况，矿区内植被主要以草地为主，部分夹有灌木。从图中可以看到，2012 年矿区内非植被区占有面积明显较其他年份的大，2016 年矿区部分区域出现灌木覆盖，矿区以外部分草地覆盖面积逐年增加，整个区域内灌木和林地覆盖面积逐年减少，这说明 2012—2017 年研究区域内灌木和林地有枯死现象，草地替代灌木和林地成为主要植物。2014—2016 年调查显示：矿区植被群落类型为以羊茅、新疆旱熟禾、新疆亚菊等为主的草原群落。其中，羊茅草原群落盖度 30%～50%，草高 20～30 cm；新疆旱熟禾地面积约 859.10 km^2，占评价区总面积的 66.70%[224]。结合图 6-3 分析结果，矿区内主要覆

盖草地，但草地茂密程度较低，矿区外其他区域草地面积逐年增加，灌木和林地面积逐年减少。

6.2 伊宁矿区水资源承载力分析

基于伊宁矿区地质条件和生态环境特征，根据矿区水资源承载力评价体系中相关影响因子数据（地质系统、采矿系统、生态系统和水资源系统），结合伊犁四矿采矿引起的相应变化规律，利用矿区水资源承载力评价体系，对伊宁矿区现状年（2015—2017 年）水资源承载力状态进行评价计算，并对 2018—2020 年进行了预测分析，其中对预测年的评价采用两种方法进行计算：其一为以目前的开采方法、水位变化趋势、植被覆盖率变化规律、裂隙发育等影响因子作为参考，得到 2018—2020 年伊宁矿区水资源承载力状态，即预测结果 A；其二根据现有保水开采理论和技术[9-11]对开采参数进行调整，进而控制裂隙发育以及采动对生态系统和水资源系统的影响，降低煤炭开采对水资源的破坏，使得含水层得到有效保护，从而控制水资源承载力的变化，计算得到 2018—2020 年伊宁矿区水资源承载力状态，即预测结果 B。最终评价结果见表 6-3，将现状年的计算结果与文献[40]所采用的三级评价指标法、生态足迹法计算结果进行对比分析，与前人计算结果相符，表明使用该方法对伊宁矿区水资源承载力预测合理可靠。

表 6-3 伊宁矿区水资源承载力计算结果

年份	现状年			预测年 A			预测年 B		
	2015	2016	2017	2018	2019	2020	2018	2019	2020
评价值 β	0.80	0.74	0.70	0.68	0.60	0.57	0.74	0.74	0.76
级别	Ⅱ	Ⅲ	Ⅲ	Ⅳ	Ⅴ	Ⅲ	Ⅲ	Ⅲ	Ⅲ

对比分析伊宁矿区评价结果，将计算结果汇成图 6-5 所示对比图，可以看到：目前矿区水资源承载力处于Ⅱ（2015 年）到Ⅲ（2016—2017 年）级别，水资源对矿区内的生态环境的承载能力处于良好状态，煤炭开采与生态环境之间协调发展，但在煤炭开采的作用下水资源承载力总体处于下降趋势，2017 年水资源承载力评价结果为 0.7，处于承载畛域和承载亏缺的临界状态，如不采取相应措施，矿区水资源承载力将下降至Ⅳ类。

根据现状年的发展趋势，在不采取任何措施条件下得到预测结果 A，根据预测结果到 2020 年矿区水资源状态已经达到承载亏缺状态，说明在此发展趋势下水资源已经失去对矿区生态环境的承载能力；而预测结果 B 为对目前的开采参数进行调整，实施保水开采，调整开采参数，将采动影响下水位控制在合理变化范围内，减小对生态环境的破坏程度，从而增加水资源的承载能力，使其保持在Ⅲ类范围内，将采动造成的水资源承载力变化控制在合理范围之内。

综上分析，本书对神东矿区和伊宁矿区的评价结果与实际情况相吻合，表明本书所建立的评价体系合理可靠，可以对矿区水资源承载力进行准确的评价。由两个矿区的评价和预测结果可知，对矿区水资源承载力起控制作用的因素是开采参数，不同的开采参数会导致不同的水位变化规律、地表沉陷程度、裂隙发育高度等，最终影响矿区水资源承载力状态。

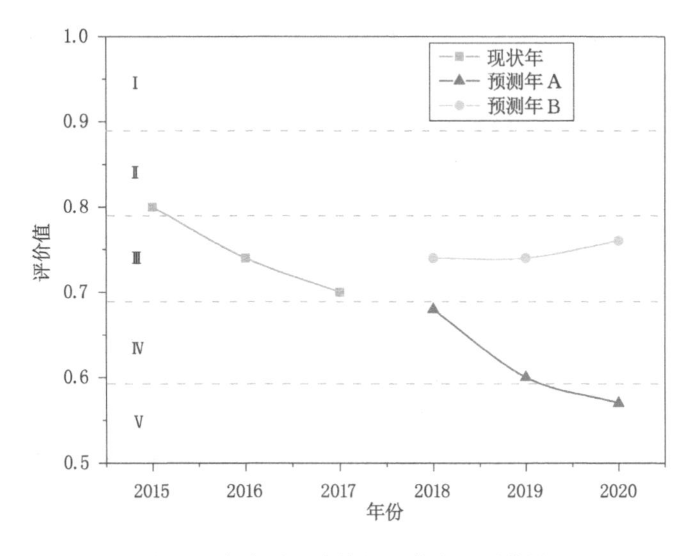

图 6-5 伊宁矿区水资源承载力预测结果

6.3 水资源承载力约束下的科学开采规模决策

6.3.1 矿区科学开采规模主要影响因子及决策方法选择

6.3.1.1 科学开采规模主要影响因素梳理

煤炭的有限性和不可再生性，引起了国内外许多学者对其产能的研究和关注。如何确定合理的科学产能是学术界一直在探索的问题，确定合理的开采规模的首要任务是找准主要影响因素[182,225-227]。目前，国内外学者认为，影响矿产资源合理开采规模的主要因素有煤炭资源储量、市场需求、开采条件、生态环境、安全高效、开采成本（开采方法）、效益等几个方面。各因素之间彼此相互联系又相互独立，对于矿区开采规模的确定是缺一不可的。

（1）煤炭资源储量。储量影响着矿区内煤炭资源的可采储量，而煤炭资源的可采储量是确定科学开采规模的基础[177,226,228]。我国煤炭资源储量分布特点为：资源储量较丰富，是世界第一产煤和消耗大国，已探明储量位居世界第三；西多东少、分布不均、煤炭资源与水资源呈现逆向分布特征，生态环境十分脆弱，开发难度大。煤炭资源储量是动态变化的，受到勘探技术和开采技术的影响，随着勘探技术的提升，储量会有所上升，随着开采技术的改进和开采量的加大，储量会逐渐下降[184]。我国煤炭资源的分布特征，决定西北矿区在开发过程中必须要对其开采规模进行科学决策；同时，由于煤炭资源储量的不确定性，应进行科学开采规模研究，以确保煤炭资源的合理开发和利用。当前的研究成果中，前人将煤炭储量变化近似为概率分布状态，依据开采和探勘情况对其进行修正。

（2）市场需求。市场需求是煤炭产能的一个重要影响因素，市场需求与煤炭开采规模之间相互依赖，控制着煤炭市场的供求平衡关系，制约着煤炭市场的发展[184,229-231]。当煤炭开采规模超出市场需求时，会形成产能过剩，导致煤炭价格下跌，企业利润下滑，企业对环境和水资源等治理能力也有所减弱[178,232-234]；当煤炭产量小于市场需求时，就会产生供不应求的现象,从企业角度来看是有利的,这会使煤炭价格攀升,促使煤炭产能和效益的提升,但从长远来看这并不利于煤炭市场的发展,高价格的诱惑会促使企业的大规模生产,将直接进入供大于求的不利情况中[230,235-237];合理的煤炭开采规模要与市场的需求相匹配,理想状态为市场需求与煤炭产能相吻合,这有利于煤炭市场的健康发展[238-239]。

(3) 开采条件。开采条件是煤炭产能的一个主要制约因素,地质条件越复杂矿区,开采条件越复杂,开采难度越大。深部开采时,受到地应力、构造等因素的影响,容易发生冲击地压、煤与瓦斯突出、煤层突水等矿井灾害;浅埋煤层开采过程中,容易导致地表生态恶化、水资源流失等生态问题[240-244]。另外,开采设备的选择和使用也是影响开采规模的一个重要因素,技术设备与工作面的适应性是煤炭安全开采的重要内容。

(4) 生态环境。生态环境恶化是煤炭开采引发的次生灾害和直观表现,高强度的煤炭开采必然引起生态环境恶化[245]。区域内煤炭开采规模必须要与生态环境协调发展,开采规模要与环境的承载能力相适应。煤炭开采与生态环境两者之间是一个互斥的动态过程,存在一个合理的临界点,也就是煤炭开采与生态环境破坏之间存在三种状态[246-249]:其一为煤炭开采不足以打破区域内的生态平衡状态,或者对区域内的生态环境造成一定的破坏,但在生态系统自修复能力作用下很快得到恢复[250-252];其二是煤炭开采对生态环境的破坏产生了灾难性的后果,生态平衡遭到严重破坏;第三种情况介于前两者之间,属于煤炭开采与生态环境的平衡点[243,253-258]。为了实现煤炭的可持续发展,必须要合理分析煤炭产能,将煤炭开采规模控制在一个合理的阈值范围内,从而使生态环境与煤炭开采之间保持一个良好的发展模式[259-260]。

(5) 安全高效。安全高效意味着将人身作业安全放在第一位[225],其次要考虑资源的采出率。通过技术、监测、管理等手段的改进,降低煤矿事故的发生率,减少职业病及安全事故是安全开采的宗旨和目标;通过提升矿井生产机械化程度,将信息化、智能化等引入煤矿开发模式,对煤炭进行科学有序的开采,是安全高效开采的内涵[180,261-264]。安全高效是煤炭开采的基本任务和要求,既涉及煤矿开采,又涉及生产过程中管理和经营等问题。减少煤矿安全事故和百万吨死亡人数是我国煤炭开采过程中的重中之重,这也是限制煤炭开采规模的主要问题之一[239,265];高效地将煤炭采出是煤炭企业追求的目标[235,237,242,257]。因此,安全高效是影响煤炭科学开采规模的重要因素。

(6) 开采成本。开采成本是煤炭开采规模确定的核心内容,不同开采方法所需成本不一样,开采方法所直接对应的问题是创造的价值,同时还与开发过程中其他支付项目相关,如环境治理费用、工人报酬等[266-271]。不同开采方法的机械化水平也有所差别,开采方法的改进和变革,会以开采成本的方式间接影响煤炭的开采规模[231,272]。

(7) 效益。效益是企业所重视的问题之一,开采规模的合理性与效益直接相关。企业在追求利益最大化的同时,还要兼顾其他方面,如产能与生态、水资源的协调发展[256-258,273-275]。我国西北矿区的开采规模确定,要根据相应的技术措施和地质条件进行匹配,过去追求利益、忽略保护的老路不再适应当代的需求。

(8) 水资源承载力。水资源承载力对煤炭开采规模是一种约束,同时也是矿区实现绿色开采和生态环境保护的基本条件。如前文所述,水资源是煤炭开采过程中极易受到破坏的自然资源,是今后煤炭开采中需要考虑的最主要因素之一,因为水资源的变化直接关系区域生态环境的好坏[240,257,273,276]。特别是十八大以来,社会各界对生态环境的要求越来越高,对生态环境保护的认识也越来越深刻,如何平衡煤炭开采与生态环境之间的关系是待解科学问题,也就是矿区开采规模与生态环境保护相协调是关键问题,衡量这一问题的关键指标就是水资源承载力。因此,水资源承载力是制约和衡量矿区科学开采规模的指标。

6.3.1.2 科学开采规模决策方法选择

目前,资源开采规模的预测方法主要有两类:

第一类为建立系统模型,对主要影响因素进行综合分析,现有的开采规模决策模型有P-S-R模型及其演化模型[D-S-R(driving force-state-response)、P-S-R-P(pressure-state-response-potential)、D-P-S-R-C(driving force-pressure-state-response-control)和D-P-S-I-R(driving force-pressure-state-impact-response)等]。P-S-R模型是加拿大学者David和Tony于1979提出的,他们最先提出的是S-R模型(stress-response)[277],随后国际经济合作与发展组织对S-R模型适用性和有效性进行了修正,总结得到了P-S-R模型,并对世界环境状况进行了实际应用。这些概念模型重点强调了"压力""状态"和"响应"等评价指标的研究和区分,所以只能研究系统内的表观静态现象,而对影响因素之间的相互作用的动态变化过程缺乏研究。这一类模型主要研究的是对矿产资源开采规模的预测,以期达到对未来开采量的估计。

第二类将数学相关理论引入决策中,如Hubbert等利用Logistics模型对全球煤炭产能进行了模拟预测,认为煤炭产能符合"钟形"曲线,即不可再生能源均经历产能从零开始,然后不断增长,达到峰值以后加速下降,直至消耗殆尽。其后X. F. Bai等[278]、Z. P. Tao等[279]根据Hubbert理论,对澳大利亚和中国能源产能进行了推测,对产能主要影响要素进行了阐述:X. F. Bai等认为影响澳大利亚煤炭产能的主要因素包括出口能力、气候环境以及社会等因素;Z. P. Tao等的研究结果认为中国的产能峰值将出现在2025—2032年之间,产能峰值将达到3 339～4 452 Mt。第二类方法可以将某些主要影响因子作为限制条件,借助数理统计理论,通过建立数学模型并进行最优开采路径的选择,最终得到开采规模预测值。此类方法未能考量政策、环境等不可估量因素的影响,因此对于长期的预测结果会偏离实际情况。

实际上,煤炭合理产能预测需要考虑多方面因素的影响,以往的研究主要考虑经济和技术的影响,将生产侧和需求侧拆分研究,忽略了矿区水资源、生态环境等客观因素的附加影响,单方面的考虑造成了煤炭产能的扩张,出现了"产能过剩→调整→平稳→产能过剩"的循环过程[262-264,280]。总体上,产能预测的分析基于生产侧和需求侧,将两者综合起来分析的研究较少,实际上对于煤炭产能的预测而言两者缺一不可、相互制约,应将两者有效地联系起来进行分析,同时考虑外部附加因素的影响才能合理地分析煤炭科学产能。

6.3.2 矿区科学开采规模影响因素分析

基于以上分析,对于煤炭开采规模的研究,所建立的模型主要从煤炭的生产侧和需求侧进行单方面研究,而将两者结合起来进行分析相对较少。因此,需要综合考虑生产侧和需求侧两方面的因素,同时辅以一定的外部约束条件,这使得矿区科学开采规模决策更具客观性和科学性。根据矿区开采规模影响因素的研究结果,本书将主要影响因素分成三类:第一类为生产侧,主要影响因素有煤炭资源储量、开采条件、安全高效、开采成本;第二类为需求侧,主要影响因素有市场需求、效益;第三类为外部约束侧,主要影响因素有生态环境、水资源承载力。三类因素之间相互协调、相互制约，共同决定矿区开采规模。其相互之间的关系为：需求侧决定生产侧产出煤炭量的多少，而生产侧的内部条件决定是否能产出需求侧所需要的煤炭量，约束侧是对生产侧和需求侧的外部约束，是制约煤炭开采的外部约束，也是决定矿区开采规模的关键性因素之一，三者之间的关系如图 6-6 所示。

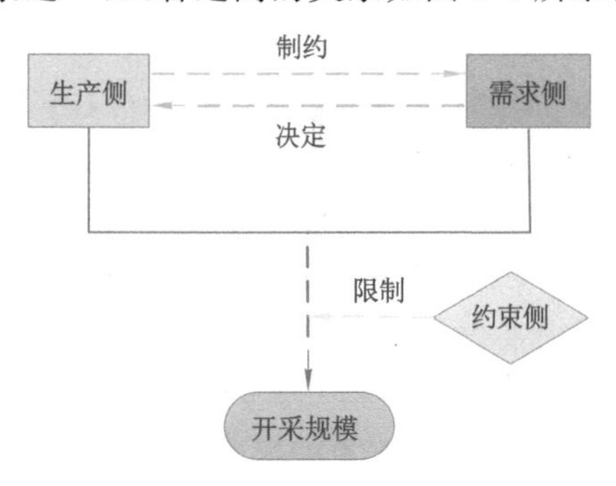

图 6-6　开采规模影响因素之间关系

通过图 6-6 可以看到，煤炭科学开采规模是由三类因素的相互制约所决定的。生产侧制约了能产出多少煤炭，对市场需求是一种制约；需求侧所需要的煤炭量决定煤炭企业需要产出煤炭的多少，两者之间的供需平衡决定了煤炭市场的良性发展。但是该情况是在未考虑煤炭开采所带来的外部条件变化之间的平衡关系，在考虑约束侧情况下，矿区开采规模还需进行重新规划。因开采方法、地质条件等因素的不同，水资源承载力、生态环境等变化也是动态的，且该变化是未知的，采用传统的规划方法对其预测具有很大的局限性，因为三类因素是随着时间不断变化的。为了得到最科学的开采规模，就需要在三类因素动态变化过程中进行决策规划，因此该问题属于最优控制理论范畴。最优控制理论[281-282]以 R. E. Bellman 和庞特里亚金等提出的动态规划和最大值原理为基础，基本思想就是系统内某个指标在一定初始状态条件下，在转移到指定的目标状态时，其性能指标为最优。实际上，本书所提出的在三类条件制约下的煤炭开采规模决策问题属于动态规划问题，通过最优控制理论可以对煤炭科学开采规模进行求解。由汉密尔顿等提出的 Hamilton-Jacobi-Bellman(H-J-B)[283-287]方程能很好地对最优控制理论进行解析。利润最大化是企业追求的目标之一，笔者提出将煤炭企业在一定时间内的利润作为目标函数进行讨论，将主要影响因素作为约束条件，探讨矿区科学开采规模决策问题。

本书研究西北生态脆弱矿区煤炭合理产能的目的就是要能满足企业效益最大化(最大煤炭产出量)和水资源破坏程度最低，寻求煤炭开采与生态环境保护之间的平衡点。水资源承载力状态越好，允许的煤炭开采规模越大，企业获得的利润也越大，以此为出发点，建立水资源承载力约束下的煤炭开采获得利润平衡方程：

$$M(t) = P_t Q_t - C_1(Q_t, \beta_t) \tag{6-1}$$

其中　$M(t)$——t 时间内煤炭售出所得总利润；

Q_t——t 时间内煤炭开采规模；

P_t——t 时间内煤炭价格；

$C_1(Q_t, \beta_t)$——t 时间内开采成本；

β_t——t 时间内水资源承载力下降造成的治理成本。

式(6-1)中变化的因素主要有煤炭资源储量、煤炭价格、开采成本、矿区水资源承载力和市场需求，五者作为矿区科学开采规模的关键约束因素，对煤炭开采规模具有重要的约束作用，煤炭资源储量、煤炭价格、开采成本、矿区水资源承载力和市场需求对煤炭开采规模的影响不同，具体表示如下所述。

(1) 煤炭资源储量

煤炭储量是动态变化的，一方面随着探勘程度和技术的提升，储量不断增加，另一方面随着开采的不断进行，储量逐渐减小，变化量为勘探增加量减去开采量。本书将煤炭资源储量与开采规模之间建立联系，将储量的减少量定为开采量[式(6-2)]，同时假设煤炭的储量符合几何布朗运动，根据闫晓霞[177]、李莎[184]的研究结果，其约束方程为式(6-3)：

$$\begin{cases} S_{t+1} - S_t = -Q_t & (t = 0,1,2,\cdots,T-1) \\ S_0 = S(0) & \text{初始储量} \end{cases} \tag{6-2}$$

$$dS = -Q dt + \alpha S dt + \delta_1 S dz_1$$
$$z_1 = \varepsilon_1 \sqrt{dt} \tag{6-3}$$

式中　S——煤炭资源储量；

S_t——t 时刻煤炭储量；

S_{t+1}——$t+1$ 时刻煤炭储量；

S_0——初始时刻煤炭储量；

dS——某时间间隔内煤炭资源储量变化量；

dt——时间间隔；

T——矿区煤炭资源的开采年限，$t \in [0,T]$；

ε_1——随机值，服从标准正态分布；

α——煤炭储量年变化率的预期平均值；

δ_1——储量的波动率。

(2) 煤炭价格

煤炭价格的涨落影响着矿区开采规模，企业的利润也受到煤炭价格的影响[265,270,288-289]，根据前人研究结果，煤炭价格符合几何布朗运动[249]，本书将其数学模型方程表示为式(6-4)：

$$dP_t = \mu_1 P_t dt + \sigma_1 P_t d\omega_t \tag{6-4}$$

式中　P_t——煤炭价格；

ω_t——维纳过程参数；

μ_1——煤炭价格预期增长率；

σ_1——煤炭价格波动率。

(3) 开采成本

开采成本即吨煤成本，本书将安全高效开采所耗费用，以及基建、开采过程中所有成本均看作开采成本，当开采造成水资源破坏，导致生态环境恶化时，以水资源承载力下降时所支付的费用作为附加成本。将 $C_1(Q_t)$ 与煤炭开采规模 Q_t 间关系定为二次函数[247,249,264,290]，得到开采成本模型表达式：

$$C(Q_{t+1},\beta_{t+1}) = AQ_t^2 + BQ_t + CB_t + D \tag{6-5}$$

式中，A,B,C,D 为常数。

(4) 水资源承载力

开采作用导致水资源承载力下降，致使生态环境遭到破坏。为保证矿区生态环境的良性发展，需要对矿区水资源以及生态环境进行治理[280,291-293]，通过改变开采方法等相关措施使矿区水资源承载力恢复至阈值以上，使煤炭开采与水资源承载力达到良性发展状态。建立矿区水资源承载力模型，如式(6-6)所示，$\bar{\beta}$为矿区水资源承载力在开采作用下对生态环境支撑能力的阈值，根据表3-8的判别标准，将承载亏缺(Ⅴ)和承载畛域(Ⅳ)之间的临界值($\beta=0.6$)作为评价临界值。即当$\beta_t<\bar{\beta}$时，$Q_t=0$，其可表示为式(6-6)。当水资源承载力下降后，吨煤成本增加，本书假设水资源承载力与开采规模之间存在线性关系式(6-7)，即当水资源承载力下降0.1时增加吨煤成本θ,θ为常数：

$$C(\beta_t)=\begin{cases}C(\beta_t) & \beta_t<\bar{\beta}\\ 0 & \beta_t>\bar{\beta}\end{cases} \tag{6-6}$$

$$B_t=\theta\beta_tQ_t \tag{6-7}$$

式中　B_t——β_t,Q_t的函数，表示β_t,Q_t的关系。

那么式(6-5)可表示为：

$$C(Q_{t+1},\beta_{t+1})=AQ_t^2+BQ_t+\kappa\beta_tQ_t+D \tag{6-8}$$

式中，$\theta=C\kappa$,κ为常数，表示水资源承载力下降后附加成本与总成本间关系。

(5) 市场需求

市场需求是影响煤炭开采规模的重要指标，通过价格的变化影响煤炭开采规模，煤炭价格的波动变化同时也会影响市场需求[180,247,249,294]。研究表明，市场需求量与煤炭价格之间为反函数关系，两者之间的关系如图6-7所示，将市场需求模型与煤炭价格联系在一起，得到式(6-9)所示的煤炭市场需求模型，D_t为煤炭市场需求量。

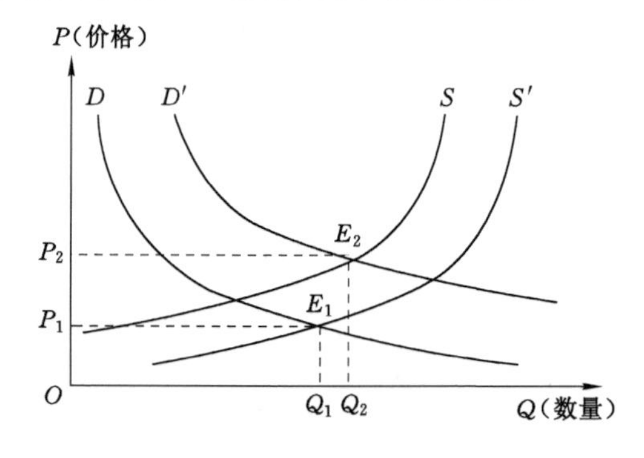

图6-7　煤炭市场供需关系示意

$$\begin{cases}D_t=\dfrac{\mathrm{d}D_t}{\mathrm{d}P_t}<0\\ D_0=D(0)\end{cases} \tag{6-9}$$

6.3.3　基于最优控制理论的矿区科学开采规模决策模型

根据上述分析，在完全市场竞争条件下，矿井内煤炭资源在时间T内连续开采，即煤炭资源的开采寿命为T，分为T个阶段[0,1]、[1,2]、…、[$T-1$,T]，时间变量是离散的。将t年末矿井收益定义为$M(t)=P_tQ_t-C_1(Q_t,\beta_t)$，将开采年限内煤炭资源开采获得利润最大化设为目标函数。结合上述对煤炭资源储量、开采成本等的研究结果,构建矿区水资源承载力约束下开采规模的优化模型,如式(6-10)所示:

$$\max V = \sum_{t=1}^{T} (P_t Q_t - C_1(Q_t, \beta_t)) \cdot \rho^t \tag{6-10}$$

式中,$\rho = \dfrac{1}{1+r}$,r 为贴现率。式(6-10)满足式(6-2)的约束。

通过上述对各个因素的约束方程的构造和解释,基本得到了不同因素的影响特征,以目标函数为基础,构造拉格朗日函数:

$$\begin{aligned} L &= \sum_{t=1}^{T} (P_t Q_t - C_1(Q_t, \beta_t)) \cdot \rho^t + \sum_{t=0}^{T-1} \lambda_t (-Q_t + S_t - S_{t+1}) \\ &= \sum_{t=0}^{T-1} [\rho^{t+1}(P_{t+1} Q_{t+1} - C_1(Q_{t+1}, \beta_{t+1})) + \lambda_t(-Q_t + S_t - S_{t+1})] \end{aligned} \tag{6-11}$$

由于式(6-11)中势函数未知,开采规模等也均未知,最终出现多解现象。故引入 Hamilton 函数 $H(\cdot)$,令:

$$H(\cdot) = P_{t+1} Q_{t+1} - C_1(Q_{t+1}, \beta_{t+1}) - \frac{\lambda_t Q_t}{\rho^{t+1}} = H(Q_{t+1}, S_t, \lambda_{t+1}, t) \tag{6-12}$$

则拉格朗日函数形式可表示为:

$$L = \sum_{t=0}^{T-1} [H(\cdot)\rho^{t+1} + \lambda_t (S_t - S_{t+1})] \tag{6-13}$$

分别对开采规模、资源储量和势函数进行求导:

$$\begin{cases} \dfrac{\partial L}{\partial Q_t} = \rho^{t+1}(P_{t+1} - C'(Q_{t+1}, \beta_{t+1})) - \lambda_t = 0 \\ \dfrac{\partial L}{\partial S_t} = \lambda_t - \lambda_{t+1} = 0 \\ \dfrac{\partial L}{\partial \lambda_t} = S_t - S_{t+1} - Q_t = 0 \end{cases} \Rightarrow \begin{cases} \rho^{t+1}(P_{t+1} - C'(Q_{t+1}, \beta_{t+1})) = \lambda_t \\ \lambda_t = \lambda_{t+1} \\ S_{t+1} - S_t = -Q_t \end{cases} \tag{6-14}$$

可以得到:

$$\rho^{t+1}(P_{t+1} - C'(Q_{t+1}, \beta_{t+1})) = \lambda_0 \tag{6-15}$$

结合式(6-8),得到:

$$\rho^{t+1}(P_{t+1} - 2AQ_{t+1} - B - \kappa\beta_t) = \lambda_0 \tag{6-16}$$

进而可得到开采规模与煤炭价格、水资源承载力之间的关系:

$$Q_t = \frac{(P_t - B - \kappa\beta_t) - \dfrac{\lambda_0}{\rho^t}}{2A} \tag{6-17}$$

可以看到,在煤炭开采过程中,式(6-17)中只有 λ_0 是未知的。由边界条件 $S_0 = S(0)$,可得 $\sum_{t=0}^{T-1} Q_t = S(0)$,将式(6-17)代入得到:

$$\sum_{t=0}^{T-1} \frac{(P_t - B - \kappa\beta_t) - \dfrac{\lambda_0}{\rho^t}}{2A} = S(0) \tag{6-18}$$

可得到 λ_0 的通解形式:

$$\lambda_0^* = \frac{\sum_{t=0}^{T-1}(P_t - B - \kappa\beta_t) - 2AS(0)}{\sum \rho^{-t}} \tag{6-19}$$

得到在水资源承载力约束下的煤炭资源开采规模表达式：

$$Q_t^* = \frac{1}{2A}\left[(P_t - B - \kappa\beta_t)\rho^t - \frac{\sum_{t=0}^{T-1}(P_t - B - \kappa\beta_t) - 2AS(0)}{\sum_{t=0}^{T-1}\rho^t}\right] \tag{6-20}$$

即式(6-20)为在水资源承载力约束下煤炭合理的开采规模。

下面对市场需求约束下的煤炭资源开采规模进行求解。

假设煤炭资源市场需求量满足：

$$D_t = aQ_t - bP_t + c \tag{6-21}$$

式中，$a,b>0$。

将式(6-17)代入式(6-21)得到在市场需求约束下的开采规模等式，因此时不考虑水资源承载力的影响，所以不考虑水资源承载力下降造成的开采成本，求解得到式(6-22)：

$$\frac{\frac{aQ_t + c - D_t}{b} - B - \frac{\lambda_0}{\rho^t}}{2A} = Q_t \tag{6-22}$$

同样地，式(6-22)中存在未知系数 λ_0，将式(6-21)进行变换得到：

$$\frac{aQ_t + c - D_t}{b} - B - \lambda_0\rho^{-t} = 2AQ_t \tag{6-23}$$

继续进行求解可得：

$$\frac{c - D_t}{b} - B - \lambda_0\rho^{-t} = (2A - \frac{a}{b})Q_t \tag{6-24}$$

$$\frac{\frac{c - D_t}{b} - B - \lambda_0\rho^{-t}}{2A - \frac{a}{b}} = Q_t \tag{6-25}$$

由约束条件 $\sum_{t=0}^{T-1} Q_t = S(0)$，得到：

$$\sum(\frac{c - D_t}{b} - B) - \lambda_0\sum\rho^{t-1} = (2A - \frac{a}{b})S(0) \tag{6-26}$$

对式(6-26)进行求解，得到 λ_0 的通解形式：

$$\lambda_0^* = \frac{\sum(\frac{c - D_t}{b} - B) - (2A - \frac{a}{b})S(0)}{\sum\rho^{-t}} \tag{6-27}$$

即在已知市场需求下的煤炭开采量为：

$$Q_0^* = \frac{1}{2A - \frac{a}{b}}\left[\frac{c - D_t}{b} - B - \lambda_0^*\rho^{-t}\right] \tag{6-28}$$

综上分析，式(6-20)与式(6-28)两种约束下煤炭开采规模是不同的，需要根据具体情况而定，其根本依据是矿区生态环境为主，市场需求为辅，具体为既要满足我国西北矿区水资源保护，又要满足市场需求的开采规模模式，同时避免了供大于求的生产模式，具体决定模式如下：

① 当 $Q_t^* < Q_0^*$ 时，即水资源承载力约束下允许的煤炭开采规模小于市场需求量约束下的煤炭开采规模，此时要以水资源承载力约束下的煤炭开采规模为准，按照水资源承载力约束下所允许的最大开采规模进行开采，在水资源和市场需求两种约束下以水资源约束下的开采规模为主，保证矿区生态环境的良性发展。

② 当 $Q_t^* > Q_0^*$ 时，即市场需求量约束下的煤炭开采规模小于水资源承载力约束下允许的煤炭开采规模，此时说明满足市场需求情况下的煤炭开采规模不影响矿区水资源对矿区的承载状态，可以满足市场的煤炭需求量，矿区可以按市场需求量进行开采，但是为了避免出现供大于求的混乱现象，禁止出现超采现象。

③ 当 $Q_t^* = Q_0^*$ 时，即水资源承载力约束下与市场需求量约束下的煤炭开采规模相当，此时可以按照计算结果进行开采，同时也表明水资源承载力处于临界状态，如果出现开采规模偏大可能会导致矿区水资源和生态环境恶化现象，为保证矿区水资源和生态环境的良好发展可适当减小开采规模。

上述三种情况下即煤炭科学开采规模决策方式——"以水定产"，其决策结果为既可以满足我国西北矿区水资源保护，又能满足市场需求的开采规模模式，实现了矿区生态环境和煤炭资源可持续发展的科学开采。

6.3.4　伊宁矿区水资源承载力约束下的开采规模决策

上文以最优控制理论为基础分析了水资源承载力约束下的煤炭科学开采规模，分析结果为我国西北矿区煤炭科学开采规模确定提供了基本理论依据。可根据矿区相应条件，确定相应的参数，从而得到在水资源承载力约束下的煤炭开采规模，依据"以水定产"开采理念进行决策分析，最终得到矿区合理的开采规模，在开采之初进行顶层设计，实现矿区绿色开采和可持续发展。

针对所需参数，本书对我国2002—2017年煤炭相关参数进行了统计，包括煤炭市场需求量(以消耗量数据替代)、历年煤炭销售价格、年开采量、基础储量和吨煤开采成本，统计结果见表6-4。因以往未将矿区水资源承载力作为约束条件进行考虑，所以其对拟合过程中的参数没有影响，利用Matlab对式(6-5)和式(6-8)进行拟合，求得两式中参数(见表6-5)。根据近几年国债利率数据，将贴现率 r 定为4.0%，根据拟合数据以及伊宁矿区基本条件，可对其开采规模进行计算。

表6-4　2002—2017年中国煤炭发展基本情况(数据来源：中国煤炭资源网)

年份	需求量/亿 t	价格/(t/元)	开采量/亿 t	储量/亿 t[295]	开采成本/(t/元)[296-297]
2002	15.23	252	13.8	3 312.0	118
2003	18.06	303	16.7	3 354.0	136
2004	20.76	517	19.9	3 373.5	170
2005	19.97	415	23.5	3 335.5	176
2006	22.50	426	25.3	3 340.9	164

表 6-4(续)

年份	需求量/亿 t	价格/(t/元)	开采量/亿 t	储量/亿 t[295]	开采成本/(t/元)[296-297]
2007	20.39	395	26.9	3 266.7	166
2008	20.99	740	28.0	3 272.2	365
2009	22.82	584	32.4	3 183.5	268
2010	25.43	743	34.3	2 791.2	274
2011	27.51	850	35.2	2 160.1	292
2012	29.82	767	39.5	2 310.1	261
2013	36.10	590	39.7	2 366.2	224
2014	39.25	518	38.7	2 399.9	167
2015	37.27	411	37.5	2 440.3	145
2016	36.28	478	34.1	2 840.3	183
2017	36.62	644	35.2	3 655.3	221

表 6-5　参数拟合结果

a	b	c	A	B	C
1.089 7	−0.021 3	5.445 2	−0.372 9	24.409 2	−164.018 7

将伊宁矿区基本参数代入上述约束条件内，伊宁矿区在开采过程中采用边开采边治理的方法维持水资源和生态环境的良性循环，对比开采两年后治理情况，地表基本恢复原貌。如图 6-8 所示，实施优化开采参数、保水开采、地表恢复等一系列措施后，矿区生态环境逐渐恢复，这也证明了水资源对矿区生态环境等的承载能力逐渐得到恢复。根据中国煤炭资源网统计得到新疆近几年煤炭价格数据(表 6-6)，本书将伊宁矿区煤炭价格定为 197.46 元/t。

(a)

(b)

图 6-8　伊犁四矿地表治理前后对比

表 6-6　新疆煤炭价格统计表(数据源自中国煤炭资源网)

年份	2013	2014	2015	2016	2017	平均
价格/(元/t)	183.1	180.2	176.1	206.9	241.0	197.46

根据以上数据，同时依据上节计算得到2015—2020年水资源承载力结果，进而得到预测年A和预测年B两种情况下开采规模结果，同时求得市场需求量，将三者汇于图6-9中。可以看到，在预测年A状态下，随着水资源承载力的下降，开采规模也逐年下降，且当水资源承载力下降到0.6以下时开采规模低于开采下限，此时停止开采，即当水资源承载力下降到承载亏缺状态时，将失去对生态环境的承载作用，导致生态环境遭到严重破坏，不适合再进行煤炭开采工作；当水资源承载力大于0.6时，水资源承载力约束下的允许开采规模小于市场需求量，此时不能满足市场需求，应以水资源承载力约束下的煤炭开采规模为主。在预测年B情况下，实施保水开采等一些列措施后，水资源承载力有逐年恢复的趋势，相应的在水资源承载力约束下的开采规模也较预测年A时逐渐提升，在2018年和2019年时，水资源承载力约束下允许的开采规模与市场需求量基本相当，在2020年时，随着水资源承载力的增加，水资源承载力约束下的开采规模超过按市场需求量计算所得开采规模，为不引起产生供大于求的现象，此时以市场需求为基准进行开采。

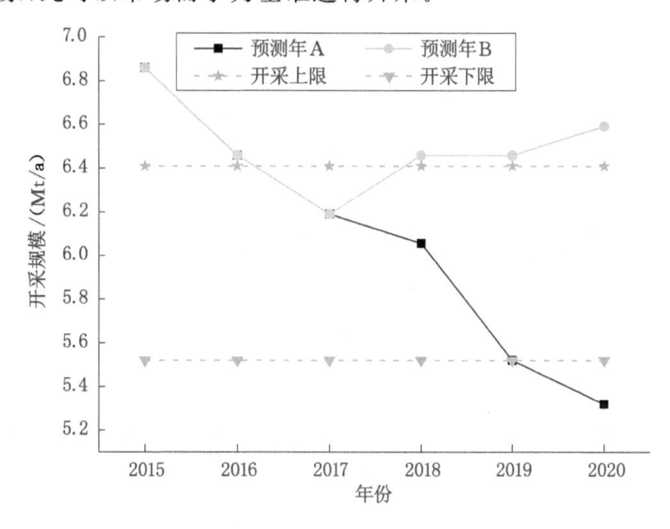

图6-9 伊犁四矿水资源承载力状态下开采规模计算结果

上述分析表明，水资源承载力对矿区开采规模有很强的制约作用，6.2节研究表明矿区水资源承载力状态可以通过实施保水开采等相关措施进行改善，当水资源承载力状态在一定数值时，允许的开采规模能满足甚至超过市场所需煤炭量，为了平衡市场的良好发展，将市场需求量也作为一个约束条件，两者相互制约，从而保证煤炭开采对水资源和生态环境的保护，同时也不会因为煤炭的超产造成煤炭市场的混乱现象。

基于以上分析结果，结合伊宁矿区实际情况，对整个矿区内煤炭资源开采规模进行分析，研究不同水资源承载力状态下所允许的开采规模，为大型整装煤田规划产能、设计矿井生产能力提供科学依据。根据“以水定产”开采理念和矿区实际情况，划分不同水资源承载力状态对应的开采规模，如图6-10中绿色曲线范围所示，随着水资源承载力的下降，矿区开采规模逐渐减小，当水资源承载力下降到0.6时，矿区内允许的最大开采量为19.26 Mt/a，而此时水资源对矿区内的生态环境的支撑能力已处于承载亏缺状态，此时矿区允许的开采规模非常小，并且煤炭开采对生态环境的破坏是致命的、不可恢复的。当水资源承载力上升为0.7～0.79时，矿区内允许的开采规模在61.89～100.25 Mt/a之间，此时煤炭开采对水资源、生态环境造成的破坏在可控范围之内，煤炭资源开采规模具有一定的经济价值。当水资源承载力大于 0.79 时，水资源承载力约束下的开采规模在 104.51～189.77 Mt/a 之间，在水资源承载力的约束下，煤炭开采与生态环境保护之间协调发展，既能保证生态环境的良性发展，又能保证煤炭开采所创造的经济价值。当水资源承载力为 1 时，矿区开采规模的极限为 189.77 Mt/a，但是在“以水定产”原则的调控之下，还要参考矿区自身的生产能力，保证市场的供需平衡。

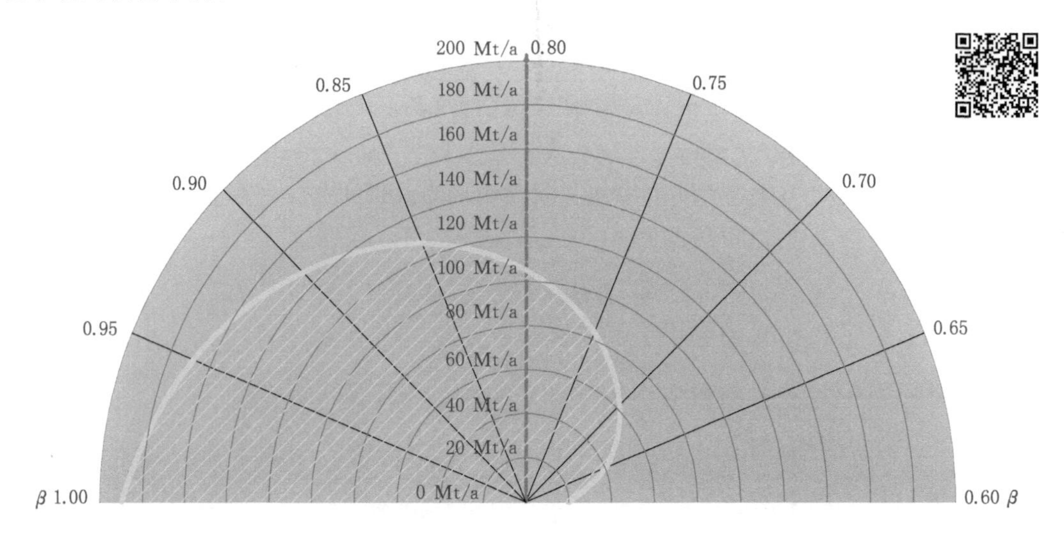

图 6-10 伊宁矿区不同水资源承载力状态下开采规模示意

基于对伊宁矿区不同水资源承载力状态下开采规模的分析结果，结合矿区水资源承载力状态，对矿区开采规模进行分析，结果如图 6-11 所示。可以看到，在预测年 A 情况下，水资源承载力逐年下降，开采规模也逐年降低，在现有条件下到 2019 年时开采规模已下降至开采下限，在水资源和生态环境的约束下，应停止生产，否则将会造成水资源和生态环境严重破坏；在预测年 B 情况下，对开采参数进行调整，使水资源承载力逐渐恢复，此时开采规模逐年上升，且保持在 61.89～87.46 Mt/a 范围内，但在开采上限的约束下，应合理控制开采量，保证供需关系稳定。实际上，在水资源承载力为 0.69(开采规模为 57.63 Mt/a)时就应该对产能进行调控，因为此时煤炭开采已经对矿区生态环境构成了威胁，再继续生产将会增加对环境的破坏，应采取相应的技术措施，保证水资源承载力在煤炭开采过程中对生态环境的支撑能力。

结合图 6-10 和图 6-11 可以看到，当水资源承载力下降到 0.6 以下时，虽然仍能允许一定量的煤炭开采量，但是此时水资源已经失去了对生态环境的承载能力，对生态环境的破坏会是巨大的甚至是不可逆的，这违背了煤炭可持续发展的原则，所以此时应停止煤炭的产出。实际上，当水资源承载力约束下允许的开采量接近开采下限时，或者水资源承载力出现连续下降时，说明此时煤炭开采就已经造成水资源循环出现问题，造成矿区生态环境恶化，应采取相应的措施，通过人为的优化使矿区水资源承载力维持在一个良好的状态，从而保证矿区煤炭的开采量。

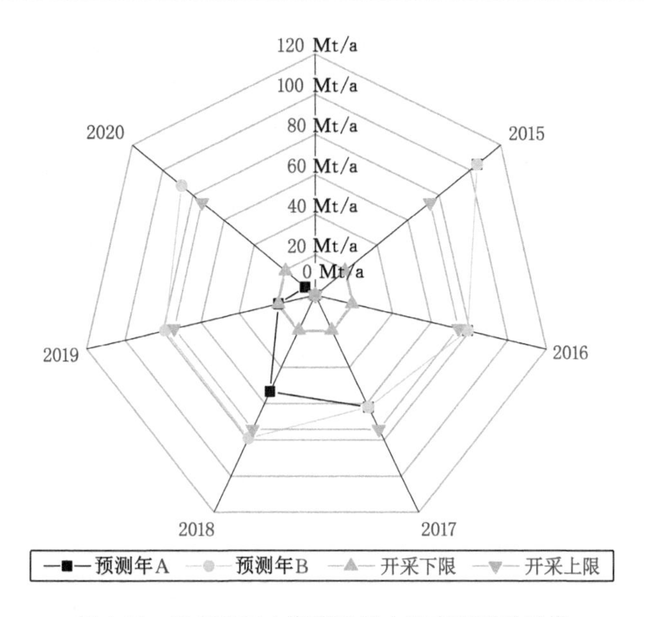

图 6-11 伊宁矿区水资源承载力约束下开采规模

6.4 矿区水资源承载力评价及科学开采规模决策软件设计

为了更方便地计算和分析水资源承载力与矿区科学开采规模，使两个复杂系统实现界面化分析，减少人员工作量，降低错误率，并增加相应行业或专业对矿区水资源承载力和科学开采规模的认识，笔者采用 VB 语言将矿区水资源承载力和科学开采规模决策两个系统进行了软件设计。该决策系统采用三层结构设计，分别为表示层、业务层和数据层，其结构如图 6-12 所示。

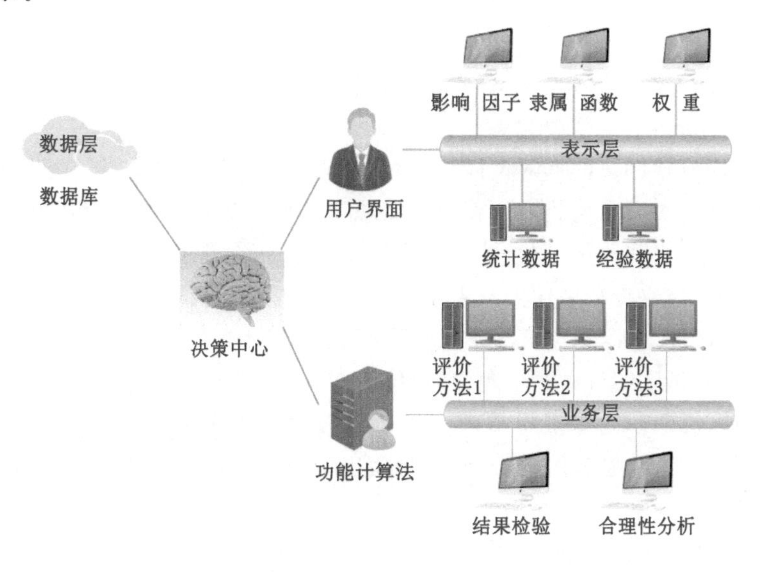

图 6-12 决策系统结构

表示层：实现决策系统基本信息和数据的输入，提供决策系统所需的基本数据和资料，如评价指标的输入、隶属函数和权重的输入等，这些基本数据来源于矿区具体实际情况，是实际调研或者计算得来的；同时，该层也显示计算结果、输出评价结果，目的是对评价结果进行输出和检验。业务层：该层是决策系统的核心部分，拥有软件的主体功能。根据选取的评价方法，结合输入的基本数据，完成对矿区水资源承载力和开采规模的综合评价，并对评价结果的合理性进行检验，另外，业务层还可与 Matlab 等相关软件实现搭接，方便对计算过程（如判断矩阵的一致性检验、权重的计算等）的操作，从而降低人为计算的错误率。业务层也是连接表示层和数据层的纽带，在整个决策系统中处于主导地位。数据层：该层可实现业务层计算结果的输出和保存，可将计算结果保存或打印，可随时调出历史计算数据，并可以将历史数据进行再计算等；也可以随时调取历史评价结果，与当前结果进行比对。

针对上述内容，该软件设计了如下执行过程，具体如图 6-13 所示。

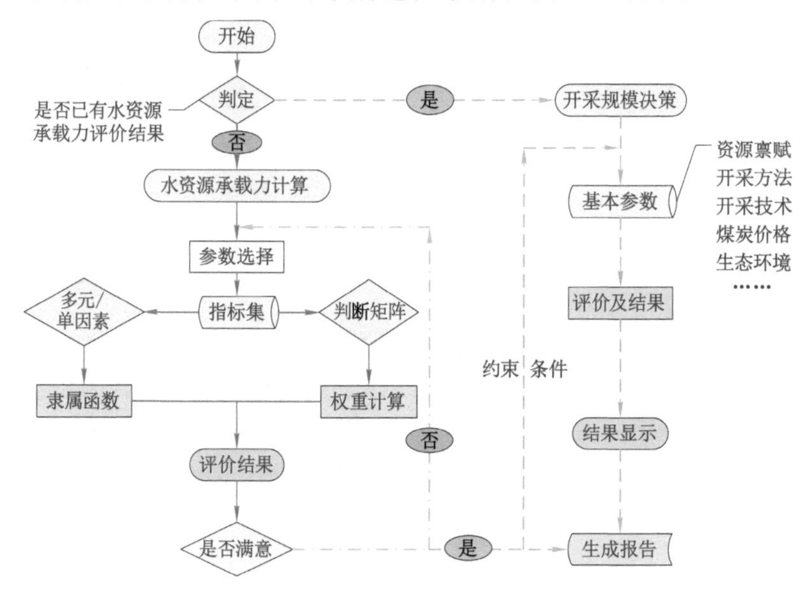

图 6-13　软件执行主体计算流程

软件执行流程：软件共设置两大计算模块，分别为水资源承载力计算模块和矿区开采规模决策模块。其中，水资源承载力计算以模糊综合评价作为主要方法，包含最主要的影响因子设置、隶属函数和权重计算，通过计算最终得到矿区水资源承载力状态，若结果满意则进行保存，形成数据库，并将结果作为约束条件对开采规模进行计算；若在计算之初已经有水资源承载力相关评价结果，则可直接进入开采规模决策计算模块，通过输入相应参数，并通过计算可得到目标矿区的科学开采规模，最终形成报告。

数据输入项（图 6-14）：水资源承载力计算过程中主要有影响因子的输入、隶属函数的输入、判断矩阵的输入和权重的输入，开采规模决策中主要有影响开采规模的相关影响因素数据的输入。

软件执行顺序：

打开软件后出现登录界面，登录界面主要包括该软件使用权限的设置，包括用户名和登录密码，如图 6-15 所示。

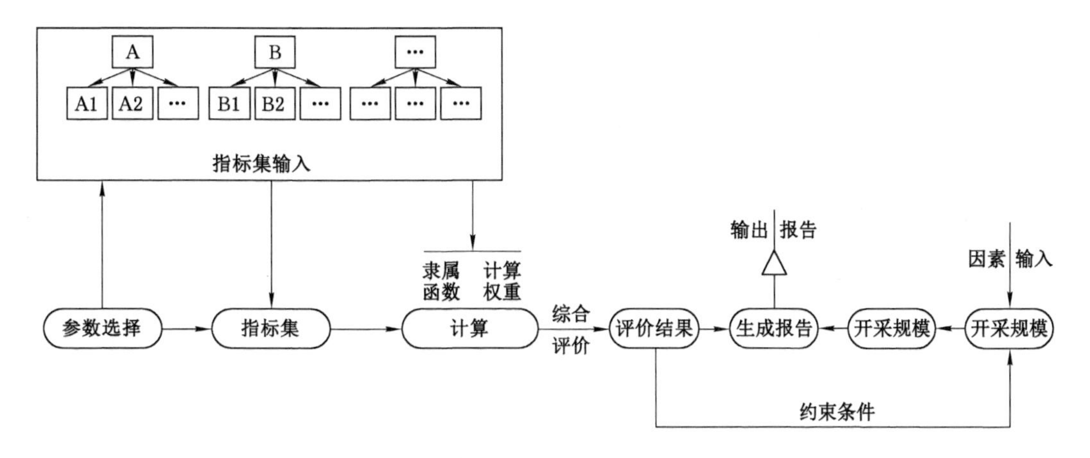

图 6-14 数据输入流程

登录系统后显示的是软件的“系统设置”和“功能应用”两个界面，如图 6-16 所示。其中“功能应用”可对用户的权限进行设置，可根据初始账号和密码进行修改，保证用户的隐私；“功能应用”设置了两个主要模块，分别是“水资源承载力计算”和“矿区开采规模决策”，若后期有其他计算模块可临时添加，在使用过程中可根据需要选择相应的模块，点击“确定”按钮后实现相应的功能。

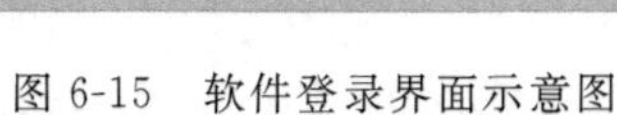
图 6-15 软件登录界面示意图

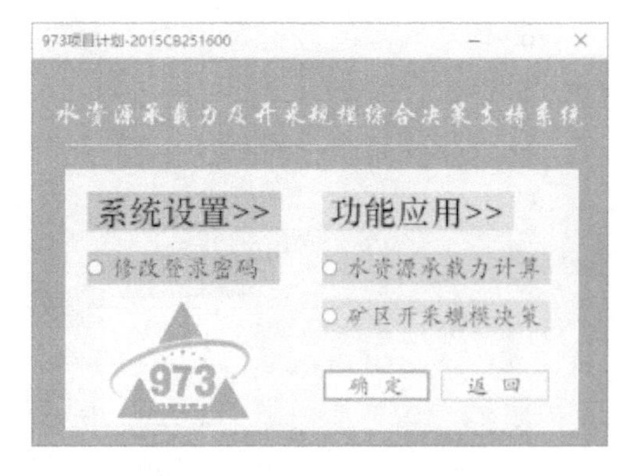

图 6-16 软件主要功能及设置

下面对该软件的主要功能及界面操作进行详细介绍：

① 水资源承载力计算界面。该界面由三个区域组成，第一部分为指标选取区，目的是选取需要评价的指标，图 6-17(a)为准则层选取，选中其中一个系统点击“准则层选取完成”后可对其所属的子准则层进行选取，如图 6-17(b)所示；第二部分为输入数值和计算功能区，选取相应的指标，点击“子准则层选取完成”后会弹出数据输入框[见图 6-18(a)]，可对相应的指标输入实际参数，并对 4 个子准则层评价结果进行计算，当输入数据格式不符时，系统会自动提示[见图 6-18(b)]，应返回后重新输入；第三部分为显示结果和保存区，经过计算可以得到评价结果，并将计算结果进行保存，包括评价时间和评价对象，保存结果界面如图 6-19 所示。

② 矿区开采规模决策界面。进入该界面后显示两个计算功能区[见图 6-20(a)]：其一是以市场需求为约束的开采规模计算区，将实际数据输入，可得到相应矿区的市场需求量；

(a) 准则层选取

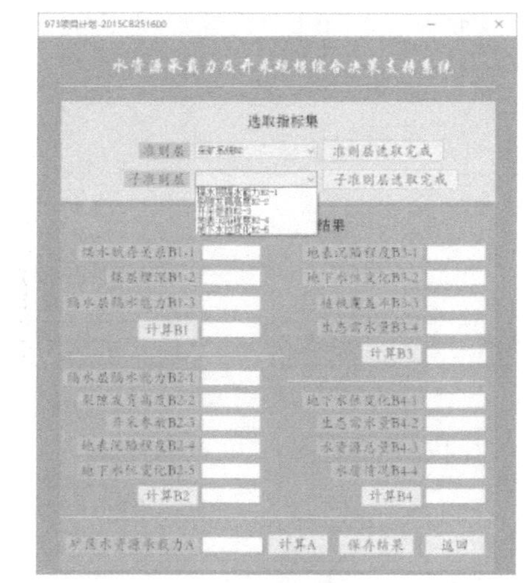

(b) 子准则层选取

图 6-17　矿区水资源承载力计算界面

(a) 数据输入框

(b) 报错提示框

图 6-18　数据输入及报错提示

其二为以水资源承载力为约束的矿区开采规模计算区，输入相应的数据后可以得到水资源承载力约束下的开采规模。两个模块内的数据输入完毕后可得到相应的计算结果，将计算结果保存为 Excel 格式，保存位置如图 6-20(b)所示。

③ 账户修改界面。软件的另一个功能是对账户和密码进行修改，目的是更好地保护用户隐私以及对数据的保密。其修改界面如图 6-21 所示。用户可根据需要对登录账号和密码进行修改，修改后系统会自动保存新的账号和密码。

上述为整个软件的界面设计和操作流程，在后期使用过程中可根据实际情况进行修改

图 6-19　评价结果保存界面

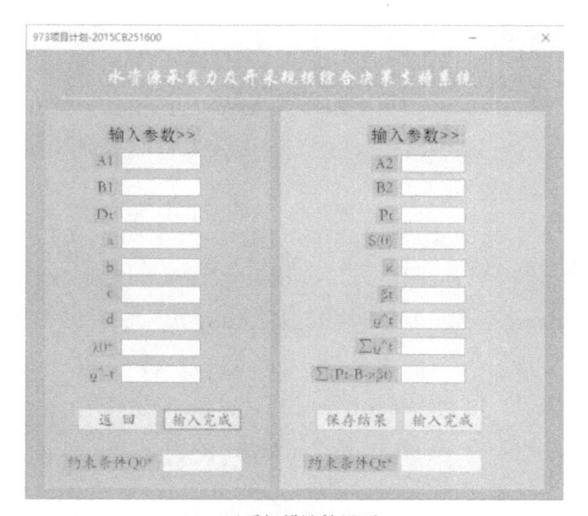

(a)　开采规模计算界面

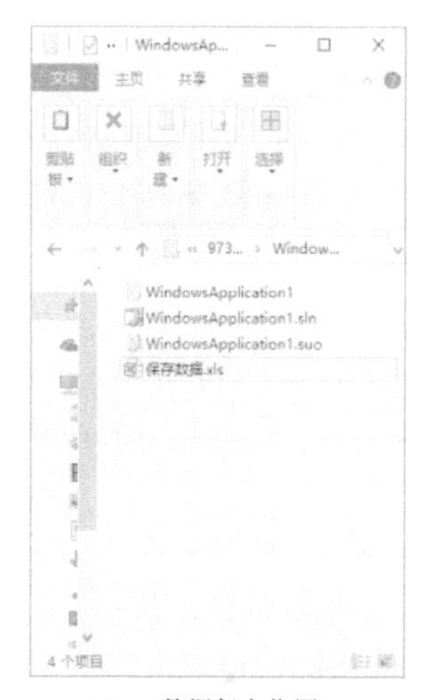

(b)　数据保存位置

图 6-20　矿区开采规模计算界面及数据保存位置

和增加内容，具体操作界面如图 6-22 所示，可根据需要调整界面和相应的代码，实现所需要的功能。其中图 6-22 为代码编写部分，可根据相应的代码实现所要的计算功能，并可对界面布局进行调整和增减。

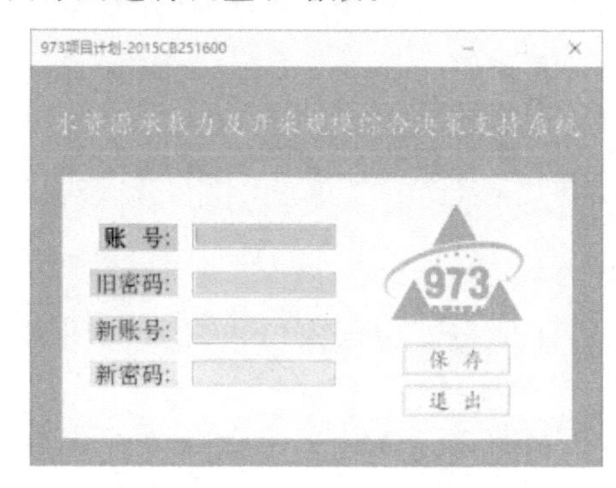

图 6-21　账号、密码修改界面

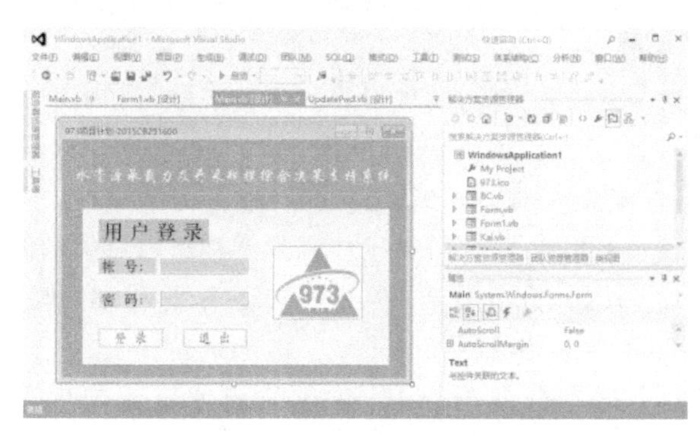

图 6-22　VS 代码和操作界面

参考文献

[1] 彭苏萍,张博,王佟,等.煤炭资源与水资源[M].北京:科学出版社,2014.

[2] 王先甲,胡振鹏.水资源持续利用的支持条件与法则[J].自然资源学报,2001,16(1):85-90.

[3] QURESHI M I,RASLI A M,ZAMAN K. Energy crisis,greenhouse gas emissions and sectoral growth reforms: repairing the fabricated mosaic[J]. Journal of cleaner production,2016,112:3657-3666.

[4] PORTUGAL-PEREIRA J,LEE L S. Economic and environmental benefits of waste-to-energy technologies for debris recovery in disaster-hit Northeast Japan[J]. Journal of cleaner production,2016,112:4419-4429.

[5] MONARI C,RIGHI S,OLSEN S I. Greenhouse gas emissions and energy balance of biodiesel production from microalgae cultivated in photobioreactors in Denmark:a life-cycle modeling[J]. Journal of cleaner production,2016,112:4084-4092.

[6] 黄守宏."量水而行"指导国民经济发展[J].中国水利,2002(10):21-23.

[7] KOOP S H A, VAN LEEUWEN C J. Assessment of the sustainability of water resources management: a critical review of the city blueprint approach[J]. Water resources management,2015,29(15):5649-5670.

[8] HESS T, CHATTERTON J, DACCACHE A, et al. The impact of changing food choices on the blue water scarcity footprint and greenhouse gas emissions of the British diet:the example of potato, pasta and rice[J]. Journal of cleaner production,2016,112:4558-4568.

[9] CHENG J Y, ZHOU K, CHEN D, et al. Evaluation and analysis of provincial differences in resources and environment carrying capacity in China[J]. Chinese geographical science,2016,26(4):539-549.

[10] 谢和平.努力实现煤炭的科学产能[J].中国产业,2011(2):22-23.

[11] 王双明,黄庆享,范立民,等.生态脆弱矿区含(隔)水层特征及保水开采分区研究[J].煤炭学报,2010,35(1):7-14.

[12] 高世宪.西部可持续能源发展战略[J].中国能源,2003,25(8):21-23.

[13] 杜朝阳,于静洁.西部水资源开发利用风险现状评价[J].中国人口·资源与环境,2013,23(10):59-66.

[14] 刘昌明,傅国斌,李丽娟.西部水资源与生态环境建设[J].矿物岩石地球化学通报,2002,21(1):7-11.

[15] 高镔.西部经济发展中的水资源承载力研究[D].成都:西南财经大学,2009.

[16] 黄庆享,张文忠.浅埋煤层条带充填保水开采岩层控制[M].北京:科学出版社,2014.
[17] SUN S K, LIU J, WU P T, et al. Comprehensive evaluation of water use in agricultural production:a case study in Hetao Irrigation District,China[J]. Journal of cleaner production,2016,112:4569-4575.
[18] WEI J H,WANG E D. Applying a new standard of limits of acceptable change to forest park tourism carrying capacity in China[C]//2014 International Conference on Management and Engineering(CME 2014),2014.
[19] 许有鹏.干旱区水资源承载能力综合评价研究:以新疆和田河流域为例[J].自然资源学报,1993,8(3):229-237.
[20] 胡震云,王世江.基于复杂自适应理论的水资源承载力决策理论与实践[M].北京:科学出版社,2013.
[21] 张鑫,蔡焕杰.区域生态环境需水量与水资源合理配置[M].西安:西北农林科技大学出版社,2007.
[22] 姬红英.煤矿区生态环境影响评价方法研究[D].西安:西安科技大学,2010.
[23] LOONEN H, VAN DE GUCHTE C, PARSONS J R, et al. Ecological hazard assessment of dioxins:hazards to organisms at different levels of aquatic food webs (fish-eating birds and mammals, fish and invertebrates) [J]. Science of the total environment,1996,182(1/2/3):93-103.
[24] BELL E J,HINOJOSA R C. Markov analysis of land use change:continuous time and stationary processes[J]. Socio-economic planning sciences,1977,11(1):13-17.
[25] 陈桥,胡克,雒昆利,等.基于AHP法的矿山生态环境综合评价模式研究[J].中国矿业大学学报,2006,35(3):377-383.
[26] 齐乃倩.煤炭开采环境影响评价研究:以李良店矿井为例[D].青岛:中国海洋大学,2012.
[27] 张文岚.平朔矿区采矿废弃地生态恢复评价研究[D].济南:山东师范大学,2011.
[28] 张莉.四川某矿山生态环境影响综合评价与生态环境恢复研究[D].成都:西南交通大学,2011.
[29] 聂振龙,张光辉,李金河.采矿塌陷作用对地表生态环境的影响:以神木大柳塔矿区为研究区[J].勘察科学技术,1998(4):15-20.
[30] 吕玉梅.我国采矿塌陷区生态修复法律制度研究[D].济南:山东师范大学,2010.
[31] 布朗,罗表格伦,杨伟忠.地下大量采矿的开采环境表征[C]//2012中国高效采矿技术与装备论坛论文集,2012.
[32] 李莹.陕北煤炭分布区地下水资源与煤炭开采引起的水文生态效应[D].西安:长安大学,2008.
[33] 胡振琪,龙精华,王新静.论煤矿区生态环境的自修复、自然修复和人工修复[J].煤炭学报,2014,39(8):1751-1757.
[34] 毛金涛.我国煤炭开采荒漠化生态补偿机制构建与研究[D].咸阳:西北农林科技大学,2014.
[35] 王辉.煤炭开采的生态补偿机制研究[D].徐州:中国矿业大学,2012.

[36] 朱党生,张建永,李扬,等.水生态保护与修复规划关键技术[J].水资源保护,2011,27(5):59-64.

[37] 张饮江,金晶,董悦,等.退化滨水景观带植物群落生态修复技术研究进展[J].生态环境学报,2012,21(7):1366-1374.

[38] 王震洪,段昌群,侯永平,等.植物多样性与生态系统土壤保持功能关系及其生态学意义[J].植物生态学报,2006,30(3):392-403.

[39] 张静.旱区地下水位变化引起的表生生态效应及其评价:以天山北麓中段为例[D].西安:长安大学,2011.

[40] PRASAD B,BOSE J. Evaluation of the heavy metal pollution index for surface and spring water near a limestone mining area of the lower Himalayas[J]. Environmental geology,2001,41(1):183-188.

[41] YOUNGER P L, WOLKERSDORFER C. Mining impacts on the fresh water environment: technical and managerial guidelines for catchment scale management [J]. Mine water and the environment,2004,23(1):s2-s80.

[42] CHI M B, ZHANG D S, FAN G W, et al. Prediction of water resource carrying capacity by the analytic hierarchy process-fuzzy discrimination method in a mining area[J]. Ecological indicators, 2019,96:647-655.

[43] MCCARTHY T S,PRETORIUS K. Coal mining on the Highveld and its implications for future water quality in the Vaal River system[C]//Water Institute of Southern Africa (WISA) and International Mine Water Association (IMWA),Pretoria,2009.

[44] MICHAEL K. Factors influencing the effects of underground bituminous coal mining on water resources in Western Pennsylvania [D]. Pennsylvania: University of Pittsburgh,2014.

[45] NEWMAN C,AGIOUTANTIS Z,BOEDE J L G. Assessment of potential impacts to surface and subsurface water bodies due to longwall mining[J]. International journal of mining science and technology,2017,27(1):57-64.

[46] DARMODY R G,BAUER R,BARKLEY D,et al. Agricultural impacts of longwall mine subsidence: the experience in Illinois, USA and Queensland, Australia [J]. International journal of coal science & technology,2014,1(2):207-212.

[47] CHI M B,ZHANG D S,ZHAO Q,et al. Determining the scale of coal mining in an ecologically fragile mining area under the constraint of water resources carrying capacity[J]. Journal of environmental management,2020,279:111621.

[48] BOOTH C J. Groundwater as an environmental constraint of longwall coal mining [J]. Environmental geology,2006,49(6):796-803.

[49] KENDORSKI F S,PRESIDENT V. Effect of full-extraction underground mining on ground and surface waters a 25-year retrospective[C]//25th International Conference on Ground Control in Mining, Morgantown,2006.

[50] KARU V,VALGMA I,KOLATS M. Mine water as a potential source of energy from underground mined areas in Estonian oil shale deposit [J]. Oil shale, 2013,

30(2S):336.

[51] WACHTEL T,QUARANTA J,VAN ZYL D,et al. Event tree analysis for room and pillar mining affecting permeability beneath surface bodies of water[J]. Georisk: assessment and management of risk for engineered systems and geohazards, 2014, 8(2):106-116.

[52] SMITH F M. Does coal mining in West Virginia produce or consume water? a net water balance of seven coal mines in Logan County, West Virginia, an aquifer assessment,and the policies determining water quantities[D]. State of Texas: The University of Texas at Austin, 2016.

[53] NUTTLE T,LOGAN M N,PARISE D J,et al. Restoration of macroinvertebrates, fish,and habitats in streams following mining subsidence: replicated analysis across 18 mitigation sites[J]. Restoration ecology,2017,25(5):820-831.

[54] GARRISON T, HOWER J C, FRYAR A E, et al. Water and soil quality at two eastern-Kentucky (USA) coal fires [J]. Environmental earth sciences, 2016, 75(7):574.

[55] TAMMETTA P. Estimation of the height of complete groundwater drainage above mined longwall panels[J]. Ground water,2013,51(5):723-734.

[56] LECHNER A M,MCINTYRE N,BULOVIC N,et al. A GIS tool for land and water use planning in mining regions[C]//21st International Congress on Modelling and Simulation,2015.

[57] BOOTH C J. Confined-unconfined changes above longwall coal mining due to increases in fracture porosity[J]. Environmental & engineering geoscience, 2007, 13(4):355-367.

[58] JU J F,XU J L,ZHU W B. Longwall chock sudden closure incident below coal pillar of adjacent upper mined coal seam under shallow cover in the Shendong Coalfield[J]. International journal of rock mechanics and mining sciences,2015,77:192-201.

[59] FRANK O. Aspects of surface and environment protection in German mining areas [J]. Mining science and technology (China),2009,19(5):615-619.

[60] DON N C, HANG N T M, ARAKI H, et al. Groundwater resources management under environmental constraints in Shiroishi of Saga Plain,Japan[J]. Environmental geology,2006,49(4):601-609.

[61] 顾大钊. 晋陕蒙接壤区大型煤炭基地地下水保护利用与生态修复[M]. 北京:科学出版社,2015.

[62] 范立民. 保水采煤是神府东胜煤田开发可持续发展的关键[J]. 地质科技管理,1998, 15(5):29-30.

[63] 韩树青,范立民,杨保国. 开发陕北侏罗纪煤田几个水文地质工程地质问题分析[J]. 中国煤田地质,1992,4(1):53-56.

[64] 范立民. 神木矿区的主要环境地质问题[J]. 水文地质工程地质,1992,19(6):37-40.

[65] 范立民,向茂西,彭捷,等. 西部生态脆弱矿区地下水对高强度采煤的响应[J]. 煤炭学

报,2016,41(11):2672-2678.
[66] 范立民,蒋泽泉.榆神矿区资源赋存特征及保水采煤问题探讨[J].西部探矿工程,2003,15(1):73-74.
[67] 范钢伟.浅埋煤层开采与脆弱生态保护相互响应机理与工程实践[D].徐州:中国矿业大学,2011.
[68] 马立强,张东升,刘玉德,等.薄基岩浅埋煤层保水开采技术研究[J].湖南科技大学学报(自然科学版),2008,23(1):1-5.
[69] 马立强,孙海,王飞,等.浅埋煤层长壁工作面保水开采地表水位变化分析[J].采矿与安全工程学报,2014,31(2):232-235.
[70] 张东升,马立强.特厚坚硬岩层组下保水采煤技术[J].采矿与安全工程学报,2006,23(1):62-65.
[71] 张东升,刘洪林,范钢伟.新疆伊犁矿区保水开采内涵及其应用研究展望[J].新疆大学学报(自然科学版),2013,30(1):13-18.
[72] ZHANG D S,MA L Q,WANG X F,et al. Aquifer-protective mining technique and its application in shallowly buried coal seams in Northwest of China[J]. Procedia earth and planetary science,2009,1(1):60-67.
[73] ZHANG D S,FAN G W,MA L Q,et al. Aquifer protection during longwall mining of shallow coal seams:a case study in the Shendong Coalfield of China[J]. International journal of coal geology,2011,86(2/3):190-196.
[74] ZHANG D S,FAN G W,MA L Q,et al. Harmony of large-scale underground mining and surface ecological environment protection in desert district: a case study in Shendong mining area,northwest of China[J]. Procedia earth and planetary science,2009,1(1):1114-1120.
[75] ZHANG D S,FAN G W,LIU Y D,et al. Field trials of aquifer protection in longwall mining of shallow coal seams in China[J]. International journal of rock mechanics and mining sciences,2010,47(6):908-914.
[76] WANG X F,ZHANG D S,ZHANG C G,et al. Mechanism of mining-induced slope movement for gullies overlaying shallow coal seams[J]. Journal of mountain science,2013,10(3):388-397.
[77] WANG X F,ZHANG D S,ZHAI D Y,et al. Analysis of activity characteristics of mining-induced slope and key area of roof controlling under bedrock gully slope in shallow coal seam[M]. [S. l. :s. n.],2010.
[78] MA L Q,ZHANG D S,JING S G,et al. Numerical simulation analysis by solid-liquid coupling with 3DEC of dynamic water crannies in overlying strata[J]. Journal of China University of Mining and Technology,2008,18(3):347-352.
[79] LIU Y D,ZHANG D S,MA L Q,et al. Classification of conditions for short-wall continuous mechanical mining in shallowly buried coal seam with thin bedrock[J]. Journal of China University of Mining and Technology,2008,18(3):389-394.
[80] 谭志祥,周鸣,邓喀中.断层对水体下采煤的影响及其防治[J].煤炭学报,2000,25(3):

256-259.
[81] 李文平,叶贵钧,张莱,等.陕北榆神府矿区保水采煤工程地质条件研究[J].煤炭学报,2000,25(5):449-454.
[82] 王启庆,李文平,李涛.陕北生态脆弱区保水采煤地质条件分区类型研究[J].工程地质学报,2014,22(3):515-521.
[83] 白海波,缪协兴.水资源保护性采煤的研究进展与面临的问题[J].采矿与安全工程学报,2009,26(3):253-262.
[84] 张杰,侯忠杰.浅埋煤层导水裂隙发展规律物理模拟分析[J].矿山压力与顶板管理,2004,21(4):32-34.
[85] 师本强,侯忠杰.陕北榆神府矿区保水采煤方法研究[J].煤炭工程,2006,38(1):63-65.
[86] 侯忠杰,肖民,张杰,等.陕北沙土基型覆盖层保水开采合理采高的确定[J].辽宁工程技术大学学报,2007,26(2):161-164.
[87] 蔚保宁.浅埋煤层粘土隔水层的采动隔水性研究[D].西安:西安科技大学,2009.
[88] 刘腾飞.浅埋煤层长壁开采隔水层破坏规律研究[D].西安:西安科技大学,2006.
[89] 黄庆享.浅埋煤层保水开采隔水层稳定性的模拟研究[J].岩石力学与工程学报,2009,28(5):987-992.
[90] 胡火明.近浅埋煤层保水开采覆岩运动模拟研究与实测[D].西安:西安科技大学,2009.
[91] 孔海陵,陈占清,卜万奎,等.承载关键层、隔水关键层和渗流关键层关系初探[J].煤炭学报,2008,33(5):485-488.
[92] 王长申,白海波,缪协兴.漳村矿峰峰组隔水关键层孔隙性实验研究[J].中国矿业大学学报,2009,38(4):455-462.
[93] 缪协兴,浦海,白海波.隔水关键层原理及其在保水采煤中的应用研究[J].中国矿业大学学报,2008,37(1):1-4.
[94] 浦海.保水采煤的隔水关键层理论与应用研究[J].中国矿业大学学报,2010,39(4):631-632.
[95] 康建荣,王金庄.采动覆岩力学模型及断裂破坏条件分析[J].煤炭学报,2002,27(1):16-20.
[96] 李树刚,林海飞.采动裂隙椭抛带分布特征的相似模拟实验分析[J].煤,2008,17(2):19-21.
[97] 许家林,钱鸣高.关键层运动对覆岩及地表移动影响的研究[J].煤炭学报,2000,25(2):122-126.
[98] 梁世伟,石瑞鹏.厚土层浅埋煤层保水开采模拟[J].辽宁工程技术大学学报(自然科学版),2013,32(6):741-744.
[99] ZHANG R,AI T,ZHOU H W,et al. Fractal and volume characteristics of 3D mining-induced fractures under typical mining layouts[J]. Environmental earth sciences,2015,73(10):6069-6080.
[100] 陈平定,张少春,张杰.保水采煤煤柱稳定性的数值模拟[J].陕西煤炭,2005,24(3):

17-19.
[101] 武强,刘金韬,钟亚平,等.开滦赵各庄矿断裂滞后突水数值仿真模拟[J].煤炭学报,2002,27(5):511-516.
[102] 侯忠杰,张杰.砂土基型浅埋煤层保水煤柱稳定性数值模拟[J].岩石力学与工程学报,2005,24(13):2255-2259.
[103] 汪辉.保水开采固液耦合相似模拟非亲水材料的研制及应用[D].徐州:中国矿业大学,2015.
[104] 张玉江,冯国瑞,戚庭野,等.保水开采相似模拟高精度位移测量方法研究[J].煤炭学报,2017,42(1):112-117.
[105] 魏久传,李白英.承压水上采煤安全性评价[J].煤田地质与勘探,2000,28(4):57-59.
[106] 聂伟雄.浅埋煤层长壁保水开采探究[J].煤矿现代化,2005(4):33-34.
[107] ADHIKARY D P, GUO H. Modelling of longwall mining-induced strata permeability change[J]. Rock mechanics and rock engineering,2015,48(1):345-359.
[108] 康永华,王济忠,孔凡铭,等.覆岩破坏的钻孔观测方法[J].煤炭科学技术,2002,30(12):26-28.
[109] 任奋华,蔡美峰,来兴平,等.采空区覆岩破坏高度监测分析[J].北京科技大学学报,2004,26(2):115-117.
[110] NGUYEN P M V, NIEDBALSKI Z. Numerical modeling of open pit (OP) to underground (UG) transition in coal mining[J]. Studia geotechnica et mechanica,2016,38(3):35-48.
[111] SINGH K B, SINGH T N. Ground movements over longwall workings in the Kamptee Coalfield,India[J]. Engineering geology,1998,50(1/2):125-139.
[112] PALCHIK V. Experimental investigation of apertures of mining-induced horizontal fractures[J]. International journal of rock mechanics and mining sciences,2010,47(3):502-508.
[113] MAJDI A,HASSANI F P,NASIRI M Y. Prediction of the height of destressed zone above the mined panel roof in longwall coal mining[J]. International journal of coal geology,2012,98:62-72.
[114] NAOI M, NAKATANI M, HORIUCHI S, et al. Frequency-magnitude distribution of $-3.7 \leqslant MW \leqslant 1$ mining-induced earthquakes around a mining front and b value invariance with post-blast time[J]. Pure and applied geophysics,2014,171(10):2665-2684.
[115] WRIGHT I A,MCCARTHY B,BELMER N,et al. Subsidence from an underground coal mine and mine wastewater discharge causing water pollution and degradation of aquatic ecosystems[J]. Water,air,& soil pollution,2015,226(10):348.
[116] TOKGÖZ N. Case study of the Agacli landslide-gully complex during post-coal-mining reclamation and afforestation[J]. Environmental earth sciences,2010,59(7):1559-1567.
[117] TENGE A J,DE GRAAFF J,HELLA J P. Social and economic factors affecting the adoption of soil and water conservation in West Usambara Highlands,Tanzania[J].

Land degradation & development,2004,15(2):99-114.
[118] MORIYA H,NAOI M,NAKATANI M,et al. Delineation of large localized damage structures forming ahead of an active mining front by using advanced acoustic emission mapping techniques[J]. International journal of rock mechanics and mining sciences,2015,79:157-165.
[119] GE Y G, CUI P, GUO X J, et al. Characteristics, causes and mitigation of catastrophic debris flow hazard on 21 July 2011 at the Longda Watershed of Songpan County,China[J]. Journal of mountain science,2013,10(2):261-272.
[120] ANLEY Y,BOGALE A,HAILE-GABRIEL A. Adoption decision and use intensity of soil and water conservation measures by smallholder subsistence farmers in Dedo District, Western Ethiopia[J]. Land degradation & development, 2007, 18(3): 289-302.
[121] THOMAS J L,ANDERSON R L. Water-energy conflicts in montana's Yellowstone River Basin[J]. Journal of the American Water Resources Association,1976,12(4): 829-842.
[122] ZIPPER C, BALFOUR W, ROTH R, et al. Domestic water supply impacts by underground coal mining in Virginia,USA[J]. Environmental geology,1997,29(1): 84-93.
[123] SAYNOR M J,ERSKINE W D,EVANS K G,et al. Gully initiation and implications for management of scour holes in the vicinity of the Jabiluka mine, northern Territory, Australia[J]. Geografiska annaler: series A, physical geography, 2004, 86(2):191-203.
[124] NASCIMENTO F L,BOËCHAT I G,TEIXEIRA A O,et al. High variability in sediment characteristics of a neotropical stream impacted by surface mining and gully erosion[J]. Water,air,& soil pollution,2012,223(1):389-398.
[125] ZHANG W,ZHANG D S,WU L X,et al. On-site radon detection of mining-induced fractures from overlying strata to the surface:a case study of the Baoshan coal mine in China[J]. Energies,2014,7(12):8483-8507.
[126] YANG T H, LIU J, ZHU W C, et al. A coupled flow-stress-damage model for groundwater outbursts from an underlying aquifer into mining excavations[J]. International journal of rock mechanics and mining sciences,2007,44(1):87-97.
[127] 王友贞.区域水资源承载力评价研究[D].南京:河海大学,2005.
[128] 孙富行.水资源承载力分析与应用[D].南京:河海大学,2006.
[129] 胡吉敏.沿海地区水资源承载力评价研究[D].大连:大连理工大学,2008.
[130] 冯旺.区域水资源承载力综合评价体系研究[D].郑州:河南农业大学,2013.
[131] XU X F,XU Z H,PENG L M,et al. Water resources carrying capacity forecast of Jining based on non-linear dynamics model[J]. Energy procedia,2011,5:1742-1747.
[132] TANG B J,HU Y J,LI H N,et al. Research on comprehensive carrying capacity of Beijing-Tianjin-Hebei region based on state-space method[J]. Natural hazards,

2016,84(1):113-128.

[133] RODA A,DE FAVERI D M,GIACOSA S,et al. Effect of pre-treatments on the saccharification of pineapple waste as a potential source for vinegar production[J]. Journal of cleaner production,2016,112:4477-4484.

[134] MENG L H,CHEN Y N,LI W H,et al. Fuzzy comprehensive evaluation model for water resources carrying capacity in Tarim River Basin,Xinjiang,China[J]. Chinese geographical science,2009,19(1):89-95.

[135] MEATH C,LINNENLUECKE M,GRIFFITHS A. Barriers and motivators to the adoption of energy savings measures for small- and medium-sized enterprises (SMEs):the case of the ClimateSmart Business Cluster program[J]. Journal of cleaner production,2016,112:3597-3604.

[136] KALBUSCH A,GHISI E. Comparative life-cycle assessment of ordinary and water-saving taps[J]. Journal of cleaner production,2016,112:4585-4593.

[137] GOLEV A,CORDER G. Modelling metal flows in the Australian economy[J]. Journal of cleaner production,2016,112:4296-4303.

[138] 龙腾锐,姜文超,何强. 水资源承载力内涵的新认识[J]. 水利学报,2004,35(1):38-45.

[139] RIJSBERMAN M A,VAN DE VEN F H M. Different approaches to assessment of design and management of sustainable urban water systems[J]. Environmental impact assessment review,2000,20(3):333-345.

[140] 中华人民共和国水利部. 中国水资源公报:2010[R]. 北京:中华人民共和国水利部,2011.

[141] BJØRN A,HAUSCHILDM Z. Introducing carrying capacity-based normalisation in LCA:framework and development of references at midpoint level[J]. The international journal of life cycle assessment,2015,20(7):1005-1018.

[142] AZAPAGIC A,BORE J,CHESEREK B,et al. The global warming potential of production and consumption of Kenyan tea[J]. Journal of cleaner production,2016,112:4031-4040.

[143] AYDINER C,SEN U,KOSEOGLU-IMER D Y,et al. Hierarchical prioritization of innovative treatment systems for sustainable dairy wastewater management[J]. Journal of cleaner production,2016,112:4605-4617.

[144] 阮本青,沈晋. 区域水资源适度承载能力计算模型研究[J]. 土壤侵蚀与水土保持学报,1998,12(3):58-62.

[145] 郭秀锐,毛显强. 中国土地承载力计算方法研究综述[J]. 地球科学进展,2000,15(6):705-711.

[146] 新疆水资源软科学课题研究组. 新疆水资源及其承载能力和开发战略对策[J]. 水利水电技术,1989(6):2-9.

[147] 冯尚友. 水资源系统分析应用的目前动态与发展趋势[J]. 系统工程理论与实践,1990,10(5):43-48.

[148] 楚芳芳.基于可持续发展的长株潭城市群生态承载力研究[D].长沙:中南大学,2014.

[149] 施雅风,曲耀光.乌鲁木齐河流域水资源承载力及其合理利用[M].北京:科学出版社,1992.

[150] 朱一中,夏军,谈戈.关于水资源承载力理论与方法的研究[J].地理科学进展,2002,21(2):180-188.

[151] 夏军,朱一中.水资源安全的度量:水资源承载力的研究与挑战[J].自然资源学报,2002,17(3):262-269.

[152] 惠泱河,蒋晓辉,黄强,等.水资源承载力评价指标体系研究[J].水土保持通报,2001,21(1):30-34.

[153] WINFREY B K,TILLEY D R. An emergy-based treatment sustainability index for evaluating waste treatment systems[J]. Journal of cleaner production,2016,112:4485-4496.

[154] WILSON M A,SCHOENEBERGER P J,WEST L,et al. Geoderma special issue: distribution of soil minerals in landscapes[J]. Geoderma,2010,154(3/4):417.

[155] WANG Z G,LUO Y Z,ZHANG M H,et al. Quantitative evaluation of sustainable development and eco-environmental carrying capacity in water-deficient regions: a case study in the Haihe River Basin,China[J]. Journal of integrative agriculture,2014,13(1):195-206.

[156] MARZOUK M,ELKADI M. Estimating water treatment plants costs using factor analysis and artificial neural networks[J]. Journal of cleaner production,2016,112:4540-4549.

[157] HAAK D M, FATH B D, FORBES V E, et al. Coupling ecological and social network models to assess "transmission" and "contagion" of an aquatic invasive species[J]. Journal of environmental management,2017,190:243-251.

[158] FORIO M A E, MOUTON A, LOCK K, et al. Fuzzy modelling to identify key drivers of ecological water quality to support decision and policy making[J]. Environmental science & policy,2017,68:58-68.

[159] 张保成,国锋.国内外水资源承载力研究综述[J].上海经济研究,2006,18(10):39-43.

[160] 卫蓉.水资源约束下的产业结构优化研究[D].北京:北京交通大学,2008.

[161] ZHANG Q, WANG W Y, GUO Z J, et al. Evolution of port ecological carrying capacity based on SD model[C]//2016 International Conference on Computational Intelligence and Applications (ICCIA). Jeju,Korea (South). IEEE,2016.

[162] YUAN J H,LEI Q,XIONG M P,et al. Scenario-based analysis on water resources implication of coal power in western China[J]. Sustainability, 2014, 6(10):7155-7180.

[163] YANG Q Y,ZHANG F W,JIANG Z C,et al. Assessment of water resource carrying capacity in Karst area of Southwest China[J]. Environmental earth sciences,2015,75(1):1-8.

[164] WANG T X,XU S G. Dynamic successive assessment method of water environment carrying capacity and its application[J]. Ecological indicators,2015,52:134-146.

[165] HAN M, LIU Y, DU H, et al. Advances in study on water resources carrying capacity in China[J]. Procedia environmental sciences,2010,2:1894-1903.

[166] JOARDAR S D. Carrying capacities and standards as bases towards urban infrastructure planning in India[J]. Habitat international,1998,22(3):327-337.

[167] HARRIS J M,KENNEDY S. Carrying capacity in agriculture:global and regional issues[J]. Ecological economics,1999,29(3):443-461.

[168] CLARKE A L. Assessing the carrying capacity of the Florida keys[J]. Population and environment,2002,23(4):405-418.

[169] VARIS O,VAKKILAINEN P. China's 8 challenges to water resources management in the first quarter of the 21st Century[J]. Geomorphology,2001,41(2):93-104.

[170] SAWUNYAMA T, SENZANJE A, MHIZHA A. Estimation of small reservoir storage capacities in Limpopo River Basin using geographical information systems (GIS) and remotely sensed surface areas:case of Mzingwane Catchment[J]. Physics and chemistry earth,parts A/B/C,2006,31(15/16):935-943.

[171] CLUZEL F,YANNOU B,MILLET D,et al. Eco-ideation and eco-selection of R&D projects portfolio in complex systems industries[J]. Journal of cleaner production, 2016,112:4329-4343.

[172] MALICO I, CARRAJOLA J, GOMES C P, et al. Biomass residues for energy production and habitat preservation. Case study in a montado area in Southwestern Europe[J]. Journal of cleaner production,2016,112:3676-3683.

[173] SIEBERT H. The economics of exhaustible resources[J]. Intereconomics, 1980, 15(1):43-47.

[174] STIGLITZ J. Growth with exhaustible natural resources: efficient and optimal growth paths[J]. Review of economic studies,1974(41):123-137.

[175] TOWNSEND K. Exponential growth as a transient phenomenon in Human history [M]. [S. l. :s. n.],1976.

[176] SOLOW R M,WAN F Y. Extraction costs in the theory of exhaustible resources [J]. The bell journal of economics,1976,7(2):359-370.

[177] 闫晓霞.我国可耗竭能源资源跨期最优开发路径及政策研究[D].西安:西安科技大学,2016.

[178] GENG F,SALEH J H. Challenging the emerging narrative:critical examination of coalmining safety in China,and recommendations for tackling mining hazards[J]. Safety science,2015,75:36-48.

[179] MOHR S,HÖÖK M,MUDD G,et al. Projection of long-term paths for Australian coal production: comparisons of four models [J]. International journal of coal geology,2011,86(4):329-341.

[180] MOHR S H,EVANS G M. Forecasting coal production until 2100[J]. Fuel,2009,

88(11):2059-2067.

[181] 谢和平,钱鸣高,彭苏萍,等.煤炭科学产能及发展战略初探[J].中国工程科学,2011,13(6):44-50.

[182] 谢和平,王金华,申宝宏,等.煤炭开采新理念:科学开采与科学产能[J].煤炭学报,2012,37(7):1069-1079.

[183] 张颖.多属性决策理论在矿山开采规模中的应用[J].有色金属科学与工程,2011,2(2):86-89.

[184] 李莎.环境承载力约束下陕北地区煤炭最优开采规模研究[D].西安:西安科技大学,2017.

[185] 张树武.2016年我国煤炭企业科学产能评测分析[J].煤炭经济研究,2017,37(6):53-57.

[186] 许军.不完全市场性、差异性、弱自律性、事后性及低效性:榆林市煤炭生态补偿费征收与使用体制的五个基本属性[J].生态经济,2009(1):63-66.

[187] 应斌.新疆伊宁煤炭矿区北区生态环境问题研究[D].北京:北京化工大学,2015.

[188] 胡顺军.塔里木河干流流域生态:环境需水研究[D].咸阳:西北农林科技大学,2007.

[189] LI N, YANG H, WANG L C, et al. Optimization of industry structure based on water environmental carrying capacity under uncertainty of the Huai River Basin within Shandong Province, China[J]. Journal of cleaner production, 2016, 112: 4594-4604.

[190] KOUTINAS A A, YEPEZ B, KOPSAHELIS N, et al. Techno-economic evaluation of a complete bioprocess for 2,3-butanediol production from renewable resources [J]. Bioresource technology, 2016, 204: 55-64.

[191] 鲁晨曦,曹世雄,石小亮.我国北方干旱半干旱地区人工造林对地下水位变化影响的模拟研究[J].生态学报,2017,37(3):715-725.

[192] 郝兴明,李卫红,陈亚宁.新疆塔里木河下游荒漠河岸(林)植被合理生态水位[J].植物生态学报,2008,32(4):838-847.

[193] 郭玉川.基于内陆干旱区生态安全的地下水位调控研究[D].乌鲁木齐:新疆农业大学,2011.

[194] 胡广录,赵文智,谢国勋.干旱区植被生态需水理论研究进展[J].地球科学进展,2008,23(2):193-200.

[195] 刘桂民,王根绪.我国干旱区生态需水若干问题评述[J].冰川冻土,2004,26(5):650-656.

[196] 刘新华,徐海量,凌红波,等.塔里木河下游生态需水估算[J].中国沙漠,2013,33(4):1198-1205.

[197] 李金燕.基于生态优先的宁夏中南部干旱区域水资源合理配置研究[D].银川:宁夏大学,2014.

[198] 张长春,邵景力,李慈君,等.地下水位生态环境效应及生态环境指标[J].水文地质工程地质,2003,30(3):6-10.

[199] 郭倩.榆阳煤矿开采对周边地下水水位的影响[D].西安:长安大学,2014.

[200] 狄乾生,隋旺华,黄山民.开采岩层移动工程地质研究[M].北京:中国建筑工业出版社,1992.
[201] 杨科.围岩宏观应力壳和采动裂隙演化特征及其动态效应研究[D].淮南:安徽理工大学,2007.
[202] 许家林.煤矿绿色开采[M].徐州:中国矿业大学出版社,2011.
[203] 刘玉德.沙基型浅埋煤层保水开采技术及其适用条件分类[D].徐州:中国矿业大学,2008.
[204] 全占军,程宏,于云江,等.煤矿井田区地表沉陷对植被景观的影响:以山西省晋城市东大煤矿为例[J].植物生态学报,2006,30(3):414-420.
[205] 韩路,王海珍,牛建龙,等.荒漠河岸林胡杨群落特征对地下水位梯度的响应[J].生态学报,2017,37(20):6836-6846.
[206] 王强民.干旱半干旱区地下水与植被生态相互作用研究[D].西安:长安大学,2016.
[207] NAKAJIMA E S, ORTEGA E. Carrying capacity using emergy and a new calculation of the ecological footprint[J]. Ecological indicators,2016,60:1200-1207.
[208] 王力,卫三平,张青峰,等.榆神府矿区土壤-植被-大气系统中水分的稳定性同位素特征[J].煤炭学报,2010,35(8):1347-1353.
[209] 黄翌,汪云甲,李效顺,等.煤炭开发对矿区植被扰动时空效应的图谱分析:以大同矿区为例[J].生态学报,2013,33(21):7035-7043.
[210] 姚国征.采煤塌陷对生态环境的影响及恢复研究[D].北京:北京林业大学,2012.
[211] 刘月玲,朱建雯.新疆煤炭开采的主要环境影响及生态补偿机制对策研究[J].安徽农学通报,2012,18(1):122-123,137.
[212] 苏芳莉,郭成久,张久志.采矿区水土保持生态修复新技术研究[J].水土保持研究,2007,14(2):191-193.
[213] 黄金廷,侯光才,尹立河,等.干旱半干旱区天然植被的地下水水文生态响应研究[J].干旱区地理,2011,34(5):788-793.
[214] 何高文.新疆伊宁矿区绿色发展评价研究[D].徐州:中国矿业大学,2015.
[215] 张思锋,张立.煤炭开采区生态补偿的体制与机制研究[J].西安交通大学学报(社会科学版),2010,30(2):50-59.
[216] 王磊.基于生态需水的石羊河流域水资源总量评价及其预测应用[D].兰州:兰州大学,2015.
[217] 王晓峰,梁美生.论煤矿矿井水资源化及污染控制[J].山西科技,2008(5):97-98.
[218] REN C F,GUO P,LI M,et al. An innovative method for water resources carrying capacity research: Metabolic theory of regional water resources[J]. Journal of environmental management,2016,167:139-146.
[219] DAMMAK F, BACCOUR L, ALIMI A M. An exhaustive study of possibility measures of interval-valued intuitionistic fuzzy sets and application to multicriteria decision making[J]. Advances in fuzzy systems,2016,2016:9185706.
[220] 赵军,曹刚,武延亮.多元隶属函数在致密砂岩储层分类中的应用[J].天然气地球科学,2018,29(11):1553-1558.

[221] 李祚泳,刘少依.多元隶属函数在雹云识别中的应用[J].高原气象,1994,13(4):75-80.

[222] ZHAO R H, GOVIND R. Membership function-based fuzzy model and its applications to multivariable nonlinear model-predictive control[C]//Proceedings of 1994 IEEE 3rd International Fuzzy Systems Conference. Orlando,2002.

[223] 夏军,刘克岩,谢平,等.水资源数量与质量联合评价方法及其应用[M].北京:科学出版社,2013.

[224] 易千枫,项志远,韦薇.我国西北地区低碳生态规划实践与方法初探:以新疆伊宁市南岸新区为例[C]//城乡治理与规划改革:2014 中国城市规划年会论文集(07 城市生态规划),2014.

[225] 钱鸣高,许家林,王家臣.再论煤炭的科学开采[J].煤炭学报,2018,43(1):1-13.

[226] 谢和平.煤炭安全、高效、绿色开采技术与战略研究[M].北京:科学出版社,2014.

[227] 赵洋.基于 PSR 概念模型的我国战略性矿产资源安全评价[D].北京:中国地质大学(北京),2011.

[228] 王军,齐文跃,李俊孟,等.中国煤炭产能评价与预测研究[J].中国煤炭,2016,42(6):11-15.

[229] 王蕾.煤炭科学开采系统协调度研究及应用[D].北京:中国矿业大学(北京),2015.

[230] RADEMACHER M. Development and perspectives on supply and demand in the global hard coal market[J]. Zeitschrift für energiewirtschaft,2008,32(2):67-87.

[231] 刘少华.典型干旱荒漠区露天煤炭资源开采环境成本内部化问题研究:以新疆准东五彩湾矿区为例[D].乌鲁木齐:新疆农业大学,2013.

[232] DZONZI-UNDI J, LI S X. RETRACTED: safety and environmental inputs investment effect analysis:empirical study of selected coal mining firms in China[J]. Resources policy,2016,47:178-186.

[233] OBIADI I I,OBIADI C M,AKUDINOBI B E B,et al. Effects of coal mining on the water resources in the communities hosting the Iva Valley and Okpara Coal Mines in Enugu State,Southeast Nigeria[J]. Sustainable water resources management,2016,2(3):207-216.

[234] HORBACH J, CHEN Q, RENNINGS K, et al. Do lead markets for clean coal technology follow market demand? a case study for China,Germany,Japan and the US[J]. Environmental innovation and societal transitions,2014,10:42-58.

[235] 翟铭坤.成本约束下可耗竭资源开采微分对策研究[D].重庆:重庆大学,2012.

[236] 张倩.能源类企业环境成本的计量与披露研究[D].西安:西安石油大学,2012.

[237] BIAN Z F,LEI S G,INYANG H I,et al. Integrated method of RS and GPR for monitoring the changes in the soil moisture and groundwater environment due to underground coal mining[J]. Environmental geology,2009,57(1):131-142.

[238] 刘艳萍.生态文明视域下煤炭企业环境成本控制模型研究[J].财会通讯,2018(32):71-75.

[239] 田美荣,高吉喜,陈雅琳.基于化石能源资产流转的生态补偿核算研究[J].资源科学,

2014,36(3):549-556.
[240] 王志民. 区域煤炭资源规划综合评价模型研究[D]. 徐州:中国矿业大学,2017.
[241] 冯俊华,吉李娜,王靖,等. 生态补偿下的煤炭开采业环境成本核算研究[J]. 生态经济,2017,33(7):185-189.
[242] CHENG S W,LIU G J,ZHOU C C,et al. Chemical speciation and risk assessment of cadmium in soils around a typical coal mining area of China[J]. Ecotoxicology and environmental safety,2018,160:67-74.
[243] CHEN S S,XU J H,FAN Y. Evaluating the effect of coal mine safety supervision system policy in China's coal mining industry:a two-phase analysis[J]. Resources policy,2015,46:12-21.
[244] 高殿军. 煤炭产品的完全成本及其补偿机制研究[D]. 阜新:辽宁工程技术大学,2013.
[245] 潘仁飞. 煤矿开采生态环境综合评价及生态补偿费研究[D]. 北京:中国矿业大学(北京),2010.
[246] FRANKS D M,BOGER D V,CÔTE C M,et al. Sustainable development principles for the disposal of mining and mineral processing wastes[J]. Resources policy,2011,36(2):114-122.
[247] WANG J Z,DONG Y,WU J,et al. Coal production forecast and low carbon policies in China[J]. Energy policy,2011,39(10):5970-5979.
[248] ZHU B L. Quantitative evaluation of coal-mining geological condition[J]. Procedia engineering,2011,26:630-639.
[249] MARTÍNEZ A, UCHE J, VALERO A, et al. Environmental costs of a river watershed within the European water framework directive: results from physical hydronomics[J]. Energy,2010,35(2):1008-1016.
[250] 范小杉,高吉喜,田美荣,等. 内蒙古自治区煤炭开采资源耗损及生态破坏成本核算与分析[J]. 干旱区资源与环境,2015,29(9):39-44.
[251] 刘勇生. 煤炭开发负外部性及其补偿机制研究[D]. 北京:北京理工大学,2014.
[252] 马兰,田永姣. 生态补偿视角下的煤炭企业环境成本核算[J]. 财会月刊,2014(14):61-64.
[253] 贾辰勇. 煤炭开采的生态环境成本补偿问题研究[D]. 西安:西安科技大学,2015.
[254] 孙婷婷. 我国煤炭资源开发环境成本计量及补偿金机制研究[D]. 北京:中国地质大学(北京),2014.
[255] 王悦,夏玉成,杜荣军. 陕北某井田保水采煤最大采高探讨[J]. 采矿与安全工程学报,2014,31(4):558-563.
[256] 朱宝龙,陈强,夏玉成,等. 开采地质条件量化评价技术研究[J]. 中国矿业大学学报,2002,31(5):426-430.
[257] CALVO J A P,PÉREZ A M J. Optimal extraction policy when the environmental and social costs of the opencast coal mining activity are internalized:mining district of the department of El Cesar (Colombia) case study[J]. Energy economics,2016,59:159-166.

[258] 宋金波.基于生态经济理论的企业环境成本控制研究[D].大连:大连理工大学,2003.
[259] 宋文娟.煤炭行业环境成本研究[D].太原:山西财经大学,2011.
[260] 马延亮.新疆煤炭资源开发生态补偿标准研究[D].乌鲁木齐:新疆大学,2012.
[261] MOU D G. Understanding China's electricity market reform from the perspective of the coal-fired power disparity[J]. Energy policy,2014,74:224-234.
[262] BAYER A K, RADEMACHER M, RUTHERFORD A. Development and perspectives of the Australian Coal Supply Chain and Implications for the Export Market[J]. Zeitschrift für energiewirtschaft,2009,33(3):255-267.
[263] BOTTERUD A,KORPÅS M. A stochastic dynamic model for optimal timing of investments in new generation capacity in restructured power systems [J]. International journal of electrical power & energy systems,2007,29(2):163-174.
[264] SCHAEFER A. Contrasting institutional and performance accounts of environmental management systems:three case studies in the UK water & sewerage industry[J]. Journal of management studies,2007,44(4):506-535.
[265] 常建忠.基于法经济学视角的"以煤补水"的生态补偿机制研究[D].太原:山西财经大学, 2015.
[266] DANICIC D,MITROVIC S,PAVLOVIC V,et al. Sustainable development of lignite production on open cast mines in Serbia[J]. Mining science and technology (China), 2009,19(5):679-683.
[267] WU X,JIANG X W,CHEN Y F,et al. The influences of mining subsidence on the ecological environment and public infrastructure:a case study at the Haolaigou Iron Ore Mine in Baotou,China[J]. Environmental earth sciences,2009,59(4):803-810.
[268] RODRÍGUEZ X A,ARIAS C. The effects of resource depletion on coal mining productivity[J]. Energy economics,2008,30(2):397-408.
[269] 秦格,任伟.煤电企业的生态环境补偿成本研究[J].电力科技与环保,2012,28(3):8-10.
[270] 李维明,陈光.煤炭开采外部成本如何内化[J].中国经济报告,2013(7):72-74.
[271] 王秋红,赵鑫,刘勇生.煤炭资源开发负外部性成本定量研究[J].煤炭工程,2017,49(6):142-145.
[272] 朱朦.煤炭企业完全成本管理控制研究[D].北京:中国矿业大学(北京),2016.
[273] HAO B B,QI J D. Planning of land reclamation and ecological restoration in the coal mining subsidence areas of Wangwa coal mine[C]//2009 International Conference on Environmental Science and Information Application Technology. Wuhan,2009:214-217.
[274] CHI M B,LI Q S,CAO Z G,et al. Evaluation of water resources carrying capacity in ecologically fragile mining areas under the influence of underground reservoirs in coal mines[J]. Journal of cleaner production,2022,379:134449.
[275] LARRINAGA-GONZALEZ C,BEBBINGTON J. Accounting change or institutional appropriation? a case study of the implementation of environmental accounting[J].

Critical perspectives on accounting,2001,12(3):269-292.
[276] BURRITT R L,SAKA C. Environmental management accounting applications and eco-efficiency: case studies from Japan[J]. Journal of cleaner production, 2006, 14(14):1262-1275.
[277] RAPPORT D J, FRIEND A M. Towards a comprehensive framework for environmental statistics: a stress-response approach[R]. [S. l.],1979.
[278] BAI X F,DING H,LIAN J J,et al. Coal production in China: past,present,and future projections[J]. International geology review,2018,60(5/6):535-547.
[279] TAO Z P,LI M Y. What is the limit of Chinese coal supplies: a STELLA model of Hubbert Peak[J]. Energy policy,2007,35(6):3145-3154.
[280] LAMICH D,MARSCHALKO M,YILMAZ I,et al. Subsidence measurements in roads and implementation in land use plan optimisation in areas affected by deep coal mining[J]. Environmental earth sciences,2015,75(1):1-11.
[281] FLETCHER S J. Optimal control theory [M]//Data assimilation for the geosciences. Amsterdam: Elsevier,2017:235-272.
[282] 雍炯敏. 动态规划方法与 Hamilton-Jacobi-Bellman 方程[M]. 上海:上海科学技术出版社,1992.
[283] YUAN W P,LAI S Y. The CEV model and its application to financial markets with volatility uncertainty[J]. Journal of computational and applied mathematics, 2018, 344:25-36.
[284] BAEK C Y,TAHARA K,PARK K H. Parameter uncertainty analysis of the life cycle inventory database: application to greenhouse gas emissions from brown rice production in IDEA[J]. Sustainability,2018,10(4):922-930.
[285] MISHRA S K,HAYSE J,VESELKA T,et al. An integrated assessment approach for estimating the economic impacts of climate change on River systems: an application to hydropower and fisheries in a Himalayan River, Trishuli [J]. Environmental science & policy,2018,87:102-111.
[286] NIGRO N C, COSTA E D D, BEZERRA F J L, et al. Inhalational anesthesia maintenance with the Janus facial mask for transcatheter aortic-valve replacement: a case series[J]. Brazilian journal of anesthesiology (elsevier),2018,68(5):437-441.
[287] MONOVICH T,MARGALIOT M. A second-order maximum principle for discrete-time bilinear control systems with applications to discrete-time linear switched systems[J]. Automatica,2011,47(7):1489-1495.
[288] 慕君辉. 新疆煤炭开发全流程生态补偿应对策略研究[D]. 乌鲁木齐:新疆大学,2013.
[289] 黄向春. 我国煤炭产业环境综合评价[D]. 北京:中国地质大学(北京),2011.
[290] BOYAN K. Coal of the future (supply prospects for thermal coal by 2030-2050) [R]. [S. l.], 2007.
[291] ADIANSYAH J S, HAQUE N, ROSANO M, et al. Application of a life cycle assessment to compare environmental performance in coal mine tailings management

[J]. Journal of environmental management,2017,199:181-191.

[292] SUWALA W, LABYS W C. Market transition and regional adjustments in the Polish coal industry[J]. Energy economics,2002,24(3):285-303.

[293] KULSHRESHTHA M, PARIKH J K. A study of productivity in the Indian coal sector[J]. Energy policy,2001,29(9):701-713.

[294] ANDREWS-SPEED P, YANG M Y, SHEN L, et al. The regulation of China's township and village coal mines: a study of complexity and ineffectiveness[J]. Journal of cleaner production,2003,11(2):185-196.

[295] 吴达. 我国煤炭产业供给侧改革与发展路径研究[D]. 北京:中国地质大学(北京),2016.

[296] 张爱荣,徐静. 煤矿吨煤成本变化及其成因分析[J]. 煤炭学报,2007,32(2):221-224.

[297] 李璐,郭琪. 山西省煤炭价格与煤炭企业成本的协整关系研究[J]. 煤炭经济研究,2017,37(6):41-45.